多重集聚纺纱技术

刘可帅　著

中国纺织出版社有限公司

内 容 提 要

本书介绍了一种基于环锭纺纱技术开发的新型纺纱技术，即多重集聚纺纱技术。在分析环锭纺、扭妥纺等纺纱技术优缺点的基础上，通过搭建力学模型、实验验证，详细介绍了多重集聚纺纱技术的原理和实施步骤，系统说明了新型纺纱技术的纺纱过程和结果。特别是从纱线的毛羽入手，强调了多重集聚纺纱技术在络筒中的适配工艺。同时，也从针织物产品角度对比说明了多重集聚纺纱线的性能优势。

本书既适合纺织工程专业的师生阅读，也可供相关领域的工程技术人员参考。

图书在版编目（CIP）数据

多重集聚纺纱技术 / 刘可帅著 . --北京：中国纺织出版社有限公司，2024. 12. -- ISBN 978-7-5229-2187-7

Ⅰ. TS104. 7

中国国家版本馆 CIP 数据核字第 20249D062J 号

责任编辑：由笑颖　责任校对：寇晨晨　责任印制：王艳丽

中国纺织出版社有限公司出版发行
地址：北京市朝阳区百子湾东里 A407 号楼　邮政编码：100124
销售电话：010—67004422　传真：010—87155801
http://www.c-textilep.com
中国纺织出版社天猫旗舰店
官方微博 http://weibo.com/2119887771
三河市宏盛印务有限公司印刷　各地新华书店经销
2024 年 12 月第 1 版第 1 次印刷
开本：710×1000　1/16　印张：9.25
字数：180 千字　定价：88.00 元

感谢下列项目和组织的大力资助：

武汉纺织大学学术著作出版基金

纺织新材料与先进加工全国重点实验室(武汉纺织大学)

湖北省数字化纺织装备重点实验室

国家自然科学基金(52203373)

中国纺织工业联合会

安徽华茂集团有限公司

安踏(中国)有限公司

内蒙古鄂尔多斯羊绒集团

广东溢达纺织有限公司

山东联润新材料科技有限公司

武汉纺织大学纺织科学与工程学院

前　言

　　棉纤维是重要的纺织原料，具有良好的皮肤接触性、穿着舒适性、生理安全性、吸湿性、易整理性和不易起静电等一系列特性。另外，环锭纺纱技术是短纤维成纱的主要纺纱方法，且成纱强力高，其纺纱量占世界纺纱总量的80%以上。但是，棉纤维利用普通环锭纺纱技术纺出的纱线表面外露毛羽过多，紧密纺纱线纱体刚度又过大。为此，结合企业的实际需求，本书总结并提出了一种无附加能耗、降低环锭纺纱线毛羽的新方法。

　　本书通过对环锭纺纱线毛羽的形成进行分析，在建立纱线毛羽力学模型的基础上，针对毛羽的受力模型进行力学分析，并设计实验验证其正确性，详细解读棉纺过程中毛羽问题的产生原理及其影响。基于此，提出在纺纱段采用增加机械握持作用力，增强对纱线毛羽的控制，减少普通环锭纺纱线的毛羽，从而提升纱线的品质。一方面，在环锭纺纱成纱区加装集聚纺纱装置，对纱条未完全成纱之前进行集聚处理，促使外露纤维头端重新捻入纱体，实现降低成纱毛羽的目的。另一方面，在主牵伸区内，靠近前罗拉和前皮辊组成的前啮合线加装预集聚装置，缩窄从前钳口输出的须条宽度，减少呈自由状态的纤维根数，减少外露纤维头端，从而减少纱线毛羽。再者，针对动态集聚沟槽包缠降低纱线毛羽不明显、包缠力度较低的技术不足，为进一步控制纱线毛羽的形成，提出压持式集聚包缠以大幅降低成纱毛羽、提高毛羽包缠紧度的方法。同时，设计制作了自适应压持盘集聚装置对纱线毛羽进行自由式握持，减少纱线毛羽。为增加对纱线成形过程中毛羽的握持作用，引入接触面下杆和自适应调节盘形成自适应压持集聚式纺纱系统。通过系统理论分析及实验验证可知，增加外力可对纱线毛羽进行控制，改善对纱线成形过程中微结构的控制，减少成纱毛羽且不恶化条干。另外，通过对多重集聚纺纱线的耐络筒性实验，得出多重集聚纺纱线最佳络筒工艺与普通环锭纺络筒工艺不完全一致，因为多重集聚纺纱线结构与普通环锭纺纱线不同，多重集聚纺纱线络筒速度宜为1000m/min，络筒张力不宜过大，以纱线断裂强力的13%为最佳，可满足企业生产需要，同时可保证多重集聚纺纱线外紧内松的结构不被络筒所破坏。多重集聚纺纱线的筒纱 3mm 毛羽降幅可达 50% 以上。

本书适合纺织工程专业的师生、纺织企业的工程技术人员阅读。对于初学者来说，本书可以帮助他们快速了解多重集聚纺纱技术；对于有一定基础的读者来说，本书则可以为他们提供更深入和专业的知识，为教学和科研工作提供有力的支持。

本书由武汉纺织大学刘可帅教授执笔，撰写过程中得到了饶崛、张文清、张瑞成、杨世昌、吕哲、陈斌等的帮助，也得到了许多专家和同行的支持与帮助，在此一并表示衷心感谢。同时，也诚挚地希望广大读者能够提出宝贵的意见和建议，以便我们不断完善内容，提高本书的质量。

让我们携手共进，在数字化与智能化的时代背景下，共同推动纺织行业的科技进步与创新发展。

刘可帅

2024 年 8 月

目　录

第1章

环锭纺纱技术

纺织行业作为我国传统的支柱产业，不仅是我国经济平稳运行和发展的重要基础，更促进了生产力的发展和进步，是时代文明的缔造者之一。

新石器时代，纺织技术的萌芽是人类创造机械的见证之一；纺织专家黄道婆改进的纺车促进了宋元时期纺织业的兴盛；明朝丝绸的流行使我国成为世界重要的白银流入国；英国珍妮纺纱机的出现，拉开了第一次工业革命的序幕；随着生产力的发展和科技的进步，纺织技术及其产品在各行各业的渗透和应用也与日俱增，表现出极强的生命力。

在当代，世界各国对纺织工业的重视程度日益增加。2016年，美国成立"革命性纤维与织物制造创新机构"（RFT-IMI），此机构是由美国国防部牵头、麻省理工学院负责管理的科研中心，开发面向未来的纤维和织物，助力美国纺织品制造业的复苏。在部分发达国家，纺织技术及其产业已被列为同航空航天、交通运输、生物医用、能源信息、国防安全等一样重要的产业，并为相关行业提供核心基础材料，体现出不可替代的高端制造水平和经济带动能力。为此，创新纺织技术，发展纺织文明，有助于人类把握时代命脉，促进国家崛起和复兴。

2012~2016年，中国纺织工业发展稳中有进，始终是中国经济的重要力量。自2012年以来，中国纺织行业围绕建设纺织科技强国战略目标，大力推动行业科技创新和成果转化，加大科技投入，在纤维材料、纺织、染整、产业用纺织品、纺织装备、信息化等领域取得了一系列创新成果，实现了全行业关键、共性技术的突破，行业自主创新能力、技术装备水平和产品开发能力整体提升。在国内，纺织产业作为关系民生的基础产业，其已经渗透到各行各业。纺织纤维及其产品被广泛应用于体育休闲、安全防护、土木建筑、医疗卫生等不同领域，还包括以隐形战机为代表的军事工业，以大飞机为代表的航空航天产业，以新能源汽车为代表的交通运输业和以高温过滤为代表的能源环保产业等，如图1-1所示。

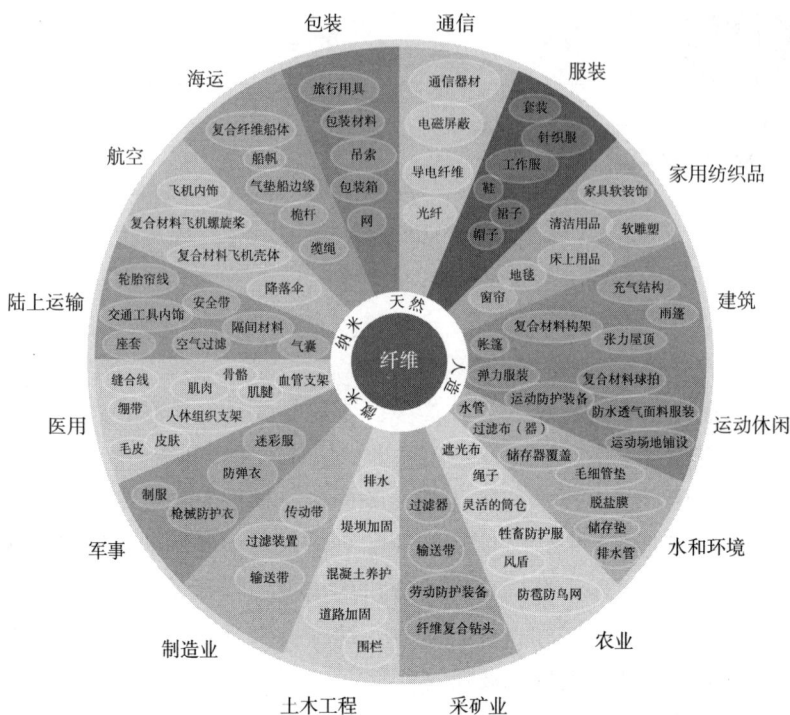

图 1-1　纤维轮

纱线作为纤维制品之一，在纺织行业中担任的角色举足轻重。纱线是通过纤维首尾相接，通过加捻的方式制成的细而柔软的，并具有一定力学性能的连续长条。纱线在纺织服装行业中的重要作用主要体现在以下几个方面。第一，在服装领域，纱线作为服装的基础材料，不仅影响着最终产品的外观和品质，还直接关系到产品的成本和市场定位，高端的产品配备的都是高端的纱线；第二，在信息传输领域，具有救生与拖曳运输、导航与信号传递、维护传播安全等作用；第三，在航空航天领域，可以作为复合材料的骨架，是护航和信息传递等的重要载体。2020 年嫦娥五号"织物版"月面国旗，2024 年嫦娥六号"石头版"月面国旗在月球完美的呈现都离不开纱线的参与。嫦娥六号月面国旗采用与月壤化学成分相近的玄武岩作为嫦娥六号国旗的核心材料，其重量和质量要求非常严格，既要做到薄而软，又要做到强而韧，但玄武岩纤维属无机纤维，脆性较大，耐磨性差，表面光滑，因此制备超细玄武岩纤维难，纺高品质纱难，构建高牢度颜色也难。然而研究团队克服了一个个难题，最终成功纺制出头发丝直径三分之一的超细玄武岩纤维纱线，并织造出质量只有 11.3g 的"石头版"国旗，比嫦娥五号国旗还要轻0.5g，这都是纺织科技的见证，是纺纱助力的成果之一。

纺纱方法的不断创新为纺织产业的发展及向其他行业的渗透起着重要作用。为纺制出更高品质、产品适应性更强的纱线，科研工作者也在不断努力，嵌入纺、缆型纺等都为纺织的进步和发展做出了较大的贡献。随着人们生活质量的提高，人们对精品服装的需求日益增加，也要求纺纱向"高质量、高品位"方向发展。此消费观念也引导纺织工作者对环锭纺纱进行广泛、深入的研究，促使环锭纺纱技术得到持续稳定的发展。本书在探究环锭纺及其相关纺纱技术的基础上，提出了多重集聚纺纱技术，以优化纱线毛羽、结构，从而提高织物染色、抗起毛起球等相关特性。

1.1　环锭纺纱技术的诞生与发展

纺纱技术的发展贯穿着人类历史发展的整个历程。纺纱技术的诞生和发展使人类生产和生活发生了巨大变化，纺纱技术不仅提高了生产效率，还推动了社会结构的变革，加速了工业化进程，促进了全球化经济的发展。从手工操作到机械化生产，再到现代智能化纺织、纺纱技术的每一次革新都是人类文明进步的见证。

早期生活在美索不达米亚扎格罗斯山区的居民只需用双手搓捻，如图 1-2（a）所示，就可以搓出原始的羊毛纱。后来，东亚西南部的居民开始种植亚麻和棉花，并用获取的纤维来纺制纱线，如图 1-2（b）和图 1-2（c）所示，使纺纱的原料更为丰富。随着农业的发展和定居生活的开始，人类社会出现了更复杂的社会结构和分工，妇女在非狩猎时期开始进行纺织工作。人口增加和食物压力的增大，使人类开始从简单地依赖采集和狩猎过渡到农耕生活，社会分工也逐渐细化，开始出现男耕女织的分工，这一转变为纺织技术的发展提供了社会经济基础。

后来，人们开始使用简单的工具进行纺纱。随着技术的发展，劳动逐渐从简单的手工操作转向复杂的机械操作，这不仅改变了生产方式，也促进了社会分工的细化。纺纱工具的出现极大地提高了纺纱的效率和质量，推动了社会生产力的发展。

早期的纺纱工具主要有纺轮、纺锤等。在我国的河南舞阳贾湖遗址出土了大量纺轮，如图 1-3 所示，中间穿圆孔，直径约 2.7m、孔径约 2.5cm，这些纺轮可以追溯到距今 8000 年的新石器时代。纺轮由转盘和转杆组成，陶制

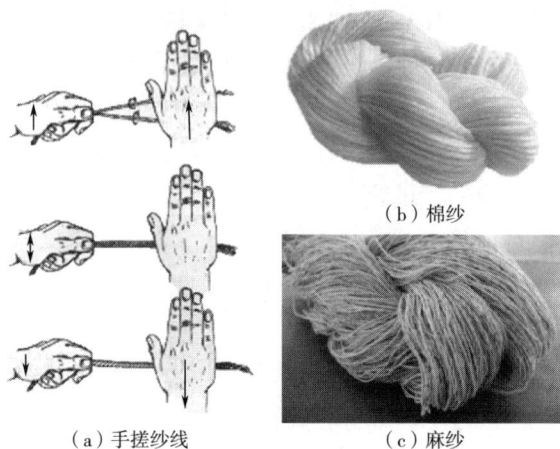

（a）手搓纱线　　　　　　（c）麻纱

图1-2　手搓纱线示意图及棉、麻纤维纱线

纺轮中的圆孔是插转杆用的，当人手用力使转盘转动时，其自身的重力使杂乱的纤维牵伸拉细，转盘旋转时产生的力使拉细的纤维捻成麻花状。在纺转不断旋转中，纤维牵伸和加捻的力也就不断沿着与转盘垂直的方向（即转杆的方向）向上传递，纤维不断被牵伸加捻，当转盘停止转动时，将加捻过的纱缠绕在转杆上即完成纺纱过程。

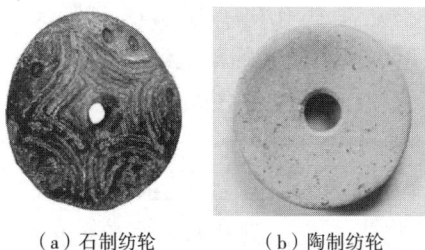

（a）石制纺轮　　　　（b）陶制纺轮

图1-3　不同材质的纺轮

使纺轮像陀螺那样旋转，就可以把松散的纤维捻紧成纱，然后缠绕在卷线棒上，如图1-4所示，此种方法沿用了几千年，所制造的纱线品质较好。纺轮的出现大大提高了纺纱的效率，使大规模的纺织生产成为可能。然而使用纺轮纺纱时，由于人手每次搓捻锤杆的力量有大有小，使纺轮的旋转速度时快时慢，纺出的纱线极不均匀。而且用手搓动锤杆一次，纺轮只能运转很短的一段时间，纺出很短的一段纱。

图 1-4　纺轮纺纱示意图

随着农耕文明的进一步发展，社会生产力得到了显著提升，人们开始对服饰的舒适性和美观性有了更高的要求，这就使织造工序对纱线的质量需求骤增。纺轮效率低的缺陷越来越明显，使人们不得不创造新的纺纱工具来替代，在人们实践中，手摇纺车应运而生了，如图 1-5 所示。纺车很早出现在古代的埃及、中国和印度等地，它的发明是人类文明发展的重要里程碑之一，纺车的出现极大地改变了人类的生活方式和社会经济结构，为纺织行业的发展奠定了基础。

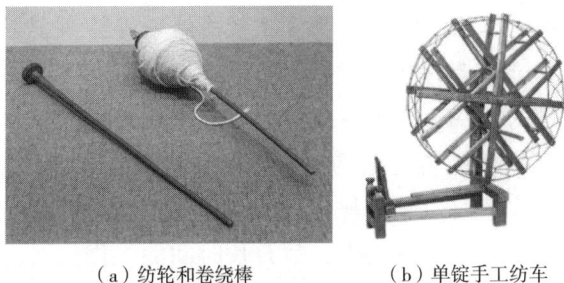

（a）纺轮和卷绕棒　　　　　　（b）单锭手工纺车

图 1-5　纺轮向纺车的过渡

与纺锤相比，手摇纺车不仅显著提升了生产效率，还展现出卓越的灵活性，能够依据纱线特定用途，精准地调整并纺出多种粗细不一的高质量纱线。如 1972 年长沙马王堆汉墓发掘的汉瑟乐器，如图 1-6 所示，其上配置的 25 根精致瑟弦，便是通过多根生丝精细加捻合并而成，并巧妙地分为外九弦、中七弦与内九弦三组。这些弦线的直径从 1.9mm 逐渐细腻至 0.5mm，展现出极高的精细度与均匀性。若无纺车等高效纺纱辅助工具的支持，实现如此精密且一致的弦线加工将极为困难，进而凸显了手摇纺车在提升纺纱品质与效率方面的重要作用。

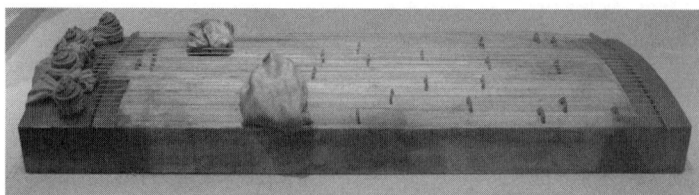

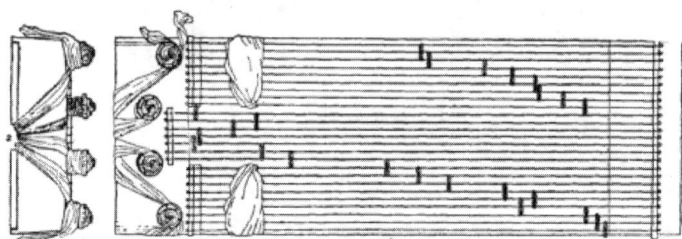

图1-6 马王堆汉墓二十五弦瑟

元代以后，松江府地区的棉纺织业十分发达，黄道婆在借鉴宋元纺麻车的基础上，创制了三锭脚踏棉纺车，如图1-7（a）所示。王祯在《农书》上记载过一种五锭脚踏纺车，如图1-7（b）所示，但这种纺车被古人用于麻纺。清代三锭脚踏纺车的形制比较明代文献所载三锭纺车图形稍有区别，清代三锭脚踏纺车通过脚踏的方式来控制纺车的停转，这使双手能够专注于对纱线的操作和质量的控制，因此纱线的品质较手摇纺车有了很大的提升。脚踏纺车使用了一定的机械传动结构，为以后的机械化纺纱技术奠定了基础。由于使用脚踏，操作者可以坐着操作，减少体力消耗，提高了工作效率，且脚部可以提供更稳定和持续的动力，适合长时间的工作，因此三锭脚踏纺车比手摇纺车的日纺纱量高出一倍。此前，纺纱流程中的牵伸、加捻和卷绕过程均为分部进行。

（a）三锭脚踏纺车　　　　（b）五锭脚踏纺车

图1-7 多锭脚踏纺车

　　随着时间的推移，纺车的形态和结构也不断发展和改进。古老的纺车主要是由木材制成，结构简单。而随着工业革命的到来，纺车的结构逐渐复杂起来，加入了许多机械装置，如传动系统、纱锭和绞纱装置等。这使纺车的纺纱效率进一步提高，生产成本降低，纺纱机的规模也逐渐扩大。纺纱技术也开始从手动向半自动和全自动发展。

　　纺纱技术发展历程如图 1-8 所示，现代纺纱机最先出现在英国，18 世纪中叶的英国最早发生了工业革命，棉纺织业获利尤为丰厚，生产规模发展迅速，已出现相当发达的手工工场，熟练工人也日渐增多，更易推广新技术。1733 年，钟表匠凯伊发明了飞梭，初步改变手工穿梭织布的落后方法，使工效提高了两倍，棉纱一时供不应求，出现"纱荒"，进而推动纺纱技术的改革，从此时起，棉纺织业开始使向机器自动化发展。

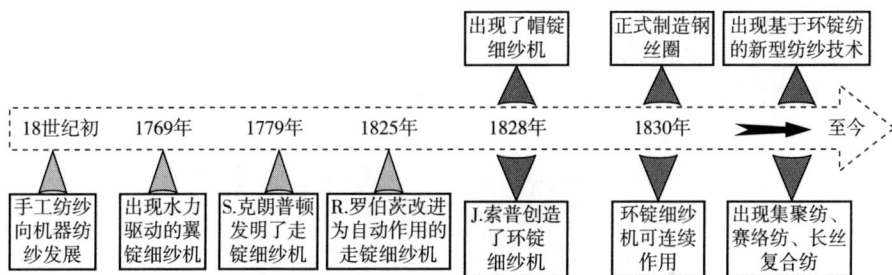

图 1-8　纺纱技术发展历程

　　1764 年，英国纺织工匠哈格里沃斯成功研制出珍妮纺纱机。以后，又经多次改进，使纱锭从 8 个逐步增加至 16 个、24 个，如图 1-9 所示，效率得到极大提高。珍妮纺纱机很快被各工厂采用，从根本上缓解了一度困扰着英国纺织业的"纱荒"。珍妮纺纱机的发明在纺织史上占有重要地位，恩格斯曾把它称为"使英国工人的状况发生根本变化的第一个发明"。至此，纺纱技术实现了牵伸和加捻的同步进行。

　　1769 年，英国发明家查理·阿克赖顿发明了用水轮驱动皮带转动的水力纺纱机，即水力驱动的翼锭细纱机，如图 1-10 所示。翼锭细纱机是早期机械化纺纱的关键设备，它采用翼锭加捻的方式对纤维进行加工。翼锭由锭子和锭翼组成。如图 1-11 所示，锭翼是一个 U 形结构，似鸟之双翼，其结构内部有一工字形的纱管，起着卷绕纱线的作用，纱管中心为空心，放置纺锭，这里的纺锭其实并没有起到锭子的作用，只是感觉上像锭子一样转动。锭翼两

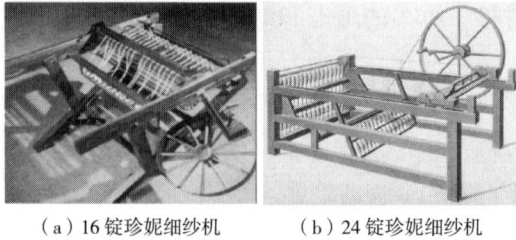

（a）16锭珍妮细纱机　　　（b）24锭珍妮细纱机

图1-9　多锭珍妮细纱机

侧翼臂上各有一排小铁钩，铁钩起到加捻和导纱的作用；U形结构底端有一圆孔，伸出一嘴状结构，纺锭插入纱管里，到达U形结构底端，此处纺锭没有起到加捻的作用。锭翼U形开口端有绳轮和轴承，绳轮与纺车的纺轮相连，用于传动。轴承用于固定锭翼的另一端，纺锭在绳轮转动下带动锭翼转动。翼锭纺车纺纱是连续式非自由端真捻成纱，其特点是加捻与退绕同时进行。工作时，条子或粗纱被喂入牵伸机构中，经过牵伸后的须条通过翼锭加捻成纱，并卷绕在筒管上。

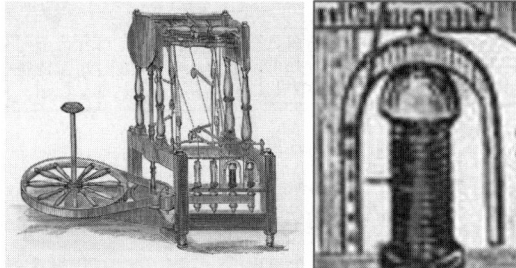

图1-10　水力驱动的翼锭细纱机

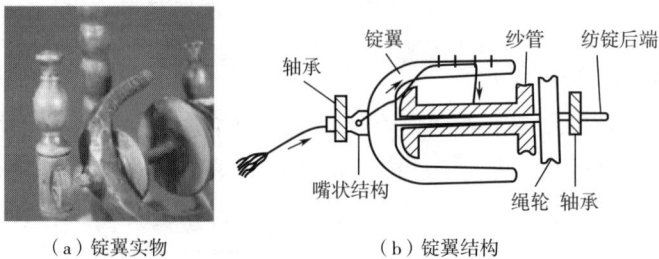

（a）锭翼实物　　　　　（b）锭翼结构

图1-11　翼锭加捻卷绕结构

翼锭细纱机的翼锭设计为悬吊式或圆筒钟罩式，而筒管并非积极传动，而是被纱条以一定张力拖动在锭子上回转。由于筒管回转的摩擦阻力，其回转速度会滞后，这个速度差使纱线得以卷绕在筒管上形成圆柱形卷装。

由于水力驱动的翼锭细纱机可以适应各种纤维的加工，包括麻、棉、毛等材料，因此在当时对于纺织品的大规模生产有着极其重要的意义。它标志着从手工纺车向机械化生产的过渡，并在后来得到了广泛应用和发展。但这种翼锭细纱机只能通过调整纱线穿过翼锭上的孔隙位置来调整纱线在筒子上的卷绕位置，无法实现均匀卷绕。

1779 年，塞缪尔·克朗普顿结合了先前的两种纺纱技术，即珍妮纺纱机的交替踏板技术和水力纺纱机不用人手的特点，创造了走锭细纱机这一全新的机器，如图 1-12 所示。走锭细纱机的出现标志着工业生产方式的重大转变，它不仅脱离了纯手工操作，还大幅提升了生产效率和纱线质量。走锭细纱机的结构包括铁木结构的框架、牵伸机构以及罗拉等关键组件。这种结构使机器更为坚固且便于生产更细的纱线。此外，走锭细纱机的发明对当时的社会经济产生了重大影响。它使英国能够生产出市场需求量大的印度薄纱，从而增强了英国在全球纺织品市场中的竞争力。总的来说，克朗普顿的走锭细纱机是工业革命时期纺织技术发展的一个里程碑，它不仅推动了纺纱技术的革新，还促进了整个社会生产模式的转变。

图 1-12　走锭细纱机

走锭细纱在纺纱时，毛纱边牵伸边加捻，待所纺的纱支捻度达到设计要求后，再把纺成的细纱卷绕在纱穗上，这种纺纱程序称间歇式纺纱。间歇式纺纱能较好地改善纱线的条干，因此得以存在并不断发展。毛条由出条罗拉输出之后，还需经过走车牵伸。走车牵伸是在获得初捻时进行粗纱纺制的。

从梳毛机上下来的毛条其条干总存在粗细不匀的状态。在细段中纤维根数少，其抗扭强度也较小，因而在走车牵伸中被加上的捻度就多，这样就增加了纤维之间的抱合力和摩擦力，在同时进行牵伸的情况下，纱条的细段不容易牵伸，纱条的粗段情况则相反，因此达到使纱条逐渐变匀的目的。

走锭细纱机在纺纱时，纱条所受的纺纱张力很小，所纺的纱支捻度可以比较低。针织用毛纱要求毛纱的捻度比较低，因为捻度一大毛纱织片就会歪斜，所以走锭细纱机更适合于针织用纱，适合于多原料的混纺纱。这也是走锭细纱机能够发展的重要原因。目前世界上走锭细纱机分两种形式，一种是锭子走动式的，另一种是毛条架走动式的。不管是走锭式还是走架式，机械变速还是电机变速的走锭细纱机，其整个纺纱过程是相似的。走锭细纱机的简图如图1-13所示。走锭细纱机是间歇式纺纱的，每纺一段细纱到卷绕在纱穗上称作为一个纺纱周期，这个周期粗纱毛轴的长短决定于每次出车长度（如2m、2.5m、3m等）及每米纱上加捻的多少，在目前使用的几种走锭细纱机中，纺纱周期范围一般在几秒之间。

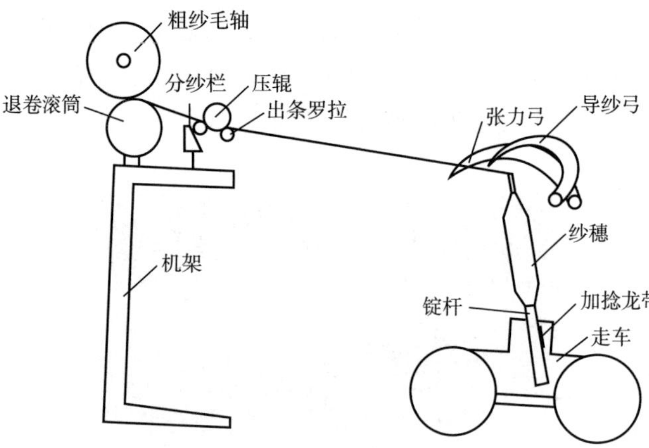

图1-13　走锭细纱机简图

走锭细纱机通过锭子与搓捻机构之间规律的相对位置变化，实现了纱线在筒子上的均匀卷绕及对粗纱的均匀牵伸，开创了动态卷绕的先河。但这种细纱机的结构比较复杂，维修困难，且占地面积大，不适合工厂里的高速运转。

19世纪初，英国的机器大工业已基本替代以手工技术为基础的家庭手工业和工场手工业，工业革命基本完成。随后，欧美许多国家也先后走上了工业革命的道路。由于细纱机已经有了基本的雏形，即对纤维须条进行牵伸、加捻以及使纱线在锭子上均匀卷绕，之后的改进均是在不改变纺纱机制上的配件改进。

1825 年，理查德·罗伯茨对走锭细纱机实施了关键性革新，引入了自动操作的机制，极大地推动了纺纱效率与产能的飞跃。他的创新点在于使原本依赖人工的锭子往复运动过程自动化，不仅减轻了劳动强度，还显著提高了生产效率。这一升级版的走锭细纱机，能够产出更为均匀细腻的纱线，同时其结构设计的优化也更契合大规模工厂化生产的需求，为后续工业化进程的加速奠定了坚实的技术基石。

1828 年，帽锭纺纱机的出现标志着纺织技术的进一步发展，其结构如图 1-14（a）所示。同年，J. 索普创造了环锭细纱机，如图 1-14（b）所示，这种机器结合了走锭细纱机的优点，并使用旋转的锭子和固定的钢领来给纱线加捻，能够连续生产，且纺纱速度较高。

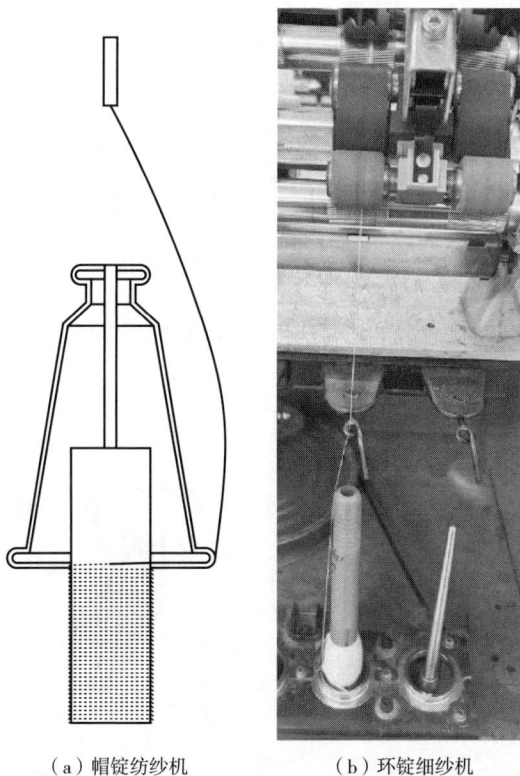

（a）帽锭纺纱机　　　　（b）环锭细纱机

图 1-14　帽锭纺纱机和环锭纺纱机

环锭细纱机的关键装置包括牵伸装置、加捻装置和卷绕装置。牵伸装置由牵伸罗拉、握持罗拉和隔距块组成，牵伸罗拉用于拉伸粗纱，使其达到所需的细度，握持罗拉与牵伸罗拉配合，对纤维进行有效控制，隔距块用于调整罗拉之间的间距，以控制牵伸倍数。如图 1-15 所示，加捻装置包括锭子、钢领和钢丝圈，锭子高速回转，为纱线提供捻度，钢领固定在锭子的上方，引导纱线并形成稳定的环形，钢丝圈在钢领和锭子之间运行，引导纱线并形成捻回。卷绕装置主要有筒管和气圈成形装置，筒管用于收集和储存已加捻的纱线，气圈成形装置则用于帮助纱线顺利从钢丝圈过渡到筒管。环锭细纱机的关键技术之一是钢丝圈的使用，最初这些钢丝圈是由纺纱工用手工弯制而成的，直到 1830 年以后，钢丝圈才开始正式制造。

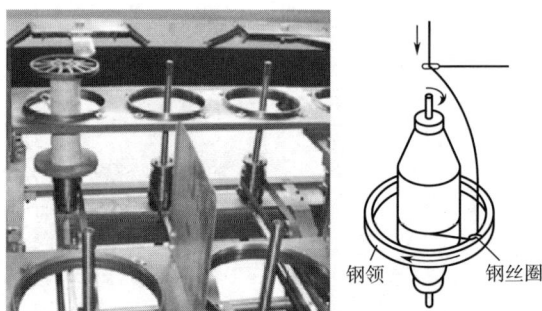

钢领　　　钢丝圈

图 1-15　加捻装置实物图和结构图

转杯纺和摩擦纺都属于自由端纺纱，自由端纺纱原理如图 1-16 所示，其主要特点是纤维须条在喂入点和加捻点之间是断开的，形成自由端。

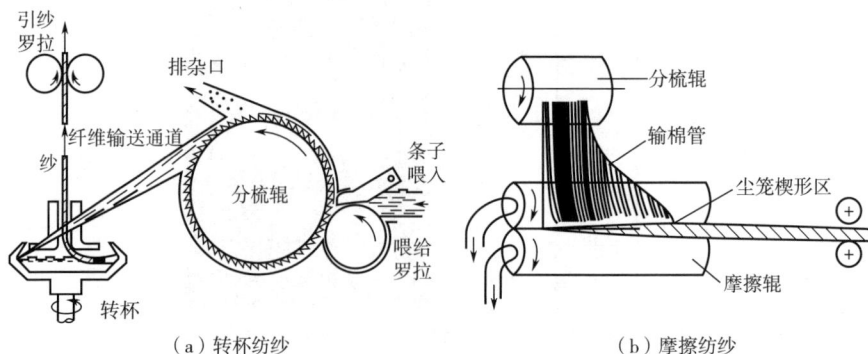

（a）转杯纺纱　　　　　　　　　　　（b）摩擦纺纱

图 1-16　自由端纺纱原理示意图

如图 1-17 所示，环锭纺纱技术是一种将牵伸、加捻和卷绕同时进行的纺纱方法，首先根据纤维类型和产品加工要求将纤维原料经过一系列开松、梳理、牵伸等工序加工成相应的粗纱，然后将粗纱在细纱工序的牵伸系统中牵伸至所要求纱支的须条，再经钢领、钢丝圈的加捻和卷绕形成一根连续的纱线。由于环锭细纱机的高效率和连续性，它逐渐被广泛采用，成为纺织工业中不可或缺的一部分。这种机器的出现极大地提高了纺纱的生产效率，降低了成本，同时也推动了纺织工业的快速发展。

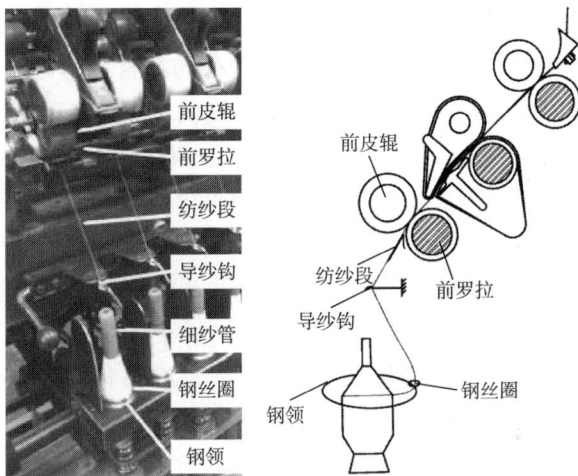

图 1-17　环锭纺纱的细纱加捻过程

与转杯纺和摩擦纺等自由端纺纱方法相比，尽管环锭纺纱的纺纱效率相对较低，但环锭纺纱线强度较高，因此至今环锭纺仍是短纤维成纱的主要纺纱方法，占据世界纺纱总量的 80% 以上。传统环锭纺纱方法自 1828 年诞生以来，在近两个世纪一直居于纺纱的主导地位，主导着纺纱工艺。

1.2　环锭纺纱技术优点

1.2.1　环锭纺纱设备与工艺优点

经过不断地发展，环锭纺纱技术的设备和工艺都趋向成熟，与新型转杯纺与喷气涡流纺纱比较有以下几个优势。

（1）生产品种范围广

可纺纱线细度 5.9~98.3tex（6~100 英支），国内有的企业在环锭纺细纱机上已纺出 1.97tex（300 英支）纱。而新型纺纱技术中的转杯纺目前以纺中粗纱为主，超过 14.6tex（40 英支）不但纺纱难度大且经济效益较差。喷气涡流纺目前生产的主导品种是 14.6~29.2tex（20~40 英支），超过 11.8tex（50 英支）纺纱也有一定困难。

（2）原料适用性强

棉、毛、丝、麻等天然纤维及各种化学纤维，只要纤维长度为 25~65mm，均可在环锭细纱机上生产。而转杯纺受纺杯直径的影响，当纤维长度超过纺杯直径过多时，纺纱有一定困难，喷气涡流纺对使用的原料要求更苛刻，要求纤维长度长、整齐度好、手感柔软，尤其是对刚性较大的麻类纤维、粗旦的化学纤维及长度差异大的毛类纤维等，纺前不经预处理很难纺出优良的纱线。

（3）经适当技术改造可以生产风格各异的新型纱线

环锭细纱机通过适当技术改造可以生产如紧密纺纱线、竹节纱、缎彩纱、云斑纱及包芯纱等各种风格各异的新型纱线，能满足棉织企业开发各种新型面料。而新型纺纱中的转杯纺及喷气涡流纺与环锭纺相比，生产品种较单调，大路产品多，特色纱线少，如要改造成能生产竹节纱、包芯纱等风格纱线的设备，其改造费用投入远高于环锭纺。环锭纺以上几方面的优势是目前新型转杯纺和喷气涡流纺难以做到的，因此新型纺纱只能在一定领域里作为环锭纺纱的补充，不能取代环锭纺纱。

1.2.2 环锭纺纱线的优点

用环锭纺工艺生产的纱线，其单纱强度、条干均匀度等指标均优于新型纺纱，尤其是单纱强度比转杯纺纱要高 20% 左右，比喷气涡流纺纱也要高 10% 以上。

1.3 环锭纺纱技术缺点

环锭纺虽经历了 100 多年的发展历程，但由于纺纱的机理没有重大突破，与新型纺纱技术相比，有以下几方面技术缺点。

（1）纺纱工艺流程较长

目前转杯纺与喷气涡流纺都采用棉条直接纺纱，并卷绕成筒子，省却了粗纱与络筒两个工序。而环锭纺目前仍需经过开清棉→梳棉→并条→粗纱→细纱→络筒等工序，工艺流程长，使用设备多。

（2）生产效率较低

由于环锭纺的成纱机理是握持端纺纱（新型纺纱原理是自由端），在细纱机经过牵伸→卷绕，依靠锭子回转与钢领、钢丝圈加捻后卷绕在纱管上，使纺纱速度受到多种因素的制约，故其生产效率远远低于新型纺纱。以纺18.5tex（32 英支）为例，环锭纺引纱速度只有 20m/min 左右，而转杯纺可达到 100~150m/min，是环锭纺的 5~7 倍，喷气涡流纺的引纱速度目前已普遍达到 360~400m/min，是环锭纺的 16~20 倍，因此提高环锭纺的纺纱速度与生产效率是攻关的重点。

（3）加工成本高于新型纺纱

由于环锭纺工序多、生产效率低、自动化程度低等多种因素造成，使人工成本高。以折合 18.5tex 纱每万锭用工分析，采用新型的转杯纺与喷气涡流纺技术，用工为 20~25 人，而用最先进的环锭纺设备（清梳联、高速并条机、粗纱机自动落粗纱及粗细联、细纱用自动落纱长机及托盘式自动络筒机等），每万锭用工在 50 人左右，如仍采用常规未经改造的环锭纺设备，每万锭用工要为 80~100 人。用工多，工费成本就高，因此通过技术改造提高设备自动化、连续化程度，使一线工人从繁重的体力劳动中解放出来，实现"机器换人"，大幅度减少用工，这也是环锭纺纱企业迫切需要解决的问题。

（4）存在质量问题

环锭纺纱线存在毛羽多、常发性纱疵率高等质量问题，影响后道加工的生产效率与产品质量。因此减少纱线毛羽、降低常发性纱疵，尤其是千米细节及弱环纱，是环锭纺纱质量攻关的重要内容之一。

纱线毛羽是衡量纱线及其后续产品质量的重要指标之一，传统环锭纺纱法自诞生以来就一直存在着纱体表面毛羽较多且毛羽分布不规律的缺陷。在显微镜下观察可以发现，普通环锭纺纱线中，纤维集聚效果有所欠缺，部分纤维的伸直平行度不够，甚至伸出纱体，处于松散状态而形成毛羽。随着社会的发展及人们生活水平的提高，纱线毛羽已经成为一个不可忽视的问题，尤其是某些高档产品对纱线毛羽提出了严格要求。

从严格意义上来讲，毛羽应该属于纱线的一部分，就整个纱体而言，纤维排列整齐、抱合相对紧密的部分属于主体部分，而位于纱体表面、较松散的部分（即毛羽）属于次要部分。毛羽对纱支、条干、纱疵等贡献大，对纱线强力贡献很小，将毛羽转入纱体则可改善强力。有研究表明环锭纺纱线中毛羽占纱线总重量6%~15%，毛羽占纱线的比重不可忽略。

在纺纱加捻过程中纤维发生内外转移，导致纤维头端或末端伸出纱线主干，形成端毛羽；部分纤维两端转移到纱条内部，使纤维中部产生一段凸起露在纱线外面，形成圈毛羽；还有一类毛羽是浮游毛羽，是在纺纱过程中由于飞花被卷绕附着在纱线表面形成的。图1-18为毛羽的基本形态。

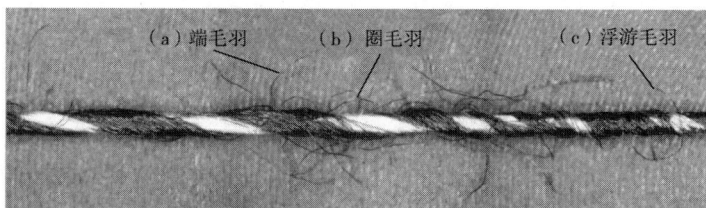

图1-18　毛羽的基本形态

夏（Xia）等对不同形态的毛羽在纱线中所占比例进行研究，研究表明端毛羽占环锭细纱毛羽总数的80%以上，圈毛羽占环锭细纱毛羽的10%，浮游毛羽占环锭细纱毛羽的5%左右。端毛羽有头端毛羽、尾端毛羽和杂乱毛羽（图1-19），头端毛羽占纱线端毛羽总数的30%~40%，尾端毛羽占纱线端毛羽的56%~64%，杂乱毛羽仅占2%~10%。

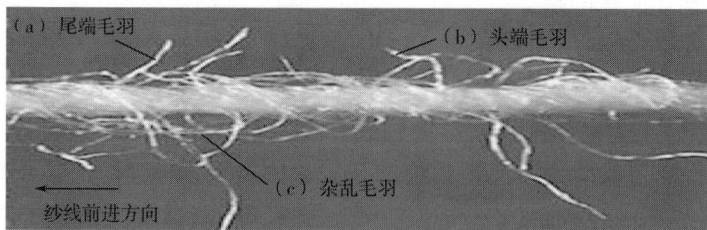

图1-19　毛羽沿纱线轴向分布的基本形态

根据纱线表面结构的毛羽形态，归纳毛羽结构特征，并进行分类和分析。上述不同的纱线毛羽的分类见表1-1。

表 1-1　毛羽的分类方法与结构特征

分类方法		结构特征
形成原因	加捻毛羽	加捻过程中，由于纤维受约束力过小或不受约束，导致在加捻过程中未捻入纱体内部
	过程毛羽	成纱后，由于纱线与加工元件之间的摩擦和空气阻力，导致纱线表面纤维脱离纱体
基本形态	端毛羽	纤维一端伸出纱体，其余部分留在纱体内部［图 1-18（a）］
	圈毛羽	纤维两端捻入纱体，中间部分凸出纱体表面［图 1-18（b）］
	浮游毛羽	缠绕或贴服于纱体表面［图 1-18（c）］
沿纱线轴向	头端毛羽	毛羽头端方向与纱条方向一致［图 1-19（a）］
	尾端毛羽	毛羽头端方向与纱条方向相反［图 1-19（b）］
	杂乱毛羽	同时存在顺向毛羽和逆向毛羽［图 1-19（c）］

在使用方面，作为纱线的基本结构特征之一，毛羽的存在对产品质量的影响随着纱线的用途不同而不同。对于起绒类织物，其作用主要是厚实保暖，这就要求构成此类织物的纱线有较多和较长的毛羽；对于缝纫线、要求轻薄或表面光洁的织物，就要求毛羽较少甚至没有毛羽的纱线。

在生产方面，细纱经过多道工序，不断摩擦，毛羽增加。其中在络筒工序，纱线毛羽增幅较大。毛羽还会增加纺纱的加捻卷绕能耗；纱线毛羽过多或过长，会对纺纱的后道工序造成影响。如在机织过程中，容易使相邻经纱互相纠缠，导致织机开口不清，影响穿梭和打纬，降低织机生产效率，同时因为毛羽的存在织物表面起毛起球性能不好，染色后色差大。

纺纱后道工序上浆贴服毛羽能够显著改善纱线质量，但是形成的二次毛羽对后续织造危害更大。烧毛能够消除纱线毛羽，但对资源浪费大，不宜广泛使用。因此，纱线毛羽问题，特别是如何降低或消除环锭纺纱线毛羽、提高成纱外观品质越来越受到重视。

（5）能耗高

此外，环锭纺与新型的转杯纺和喷气涡流纺相比，还存在能耗高、机物料消耗多等问题，使吨纱加工成本要比新型纺纱高 1000 元左右（含工费增加），因此节能降耗也是环锭纺降低加工成本的重要措施之一。

1.4 国内外环锭纺纱设备现状

1.4.1 先进环锭细纱机发展趋势

细纱机是纺织行业中的关键设备，用于将棉花、羊毛等纤维纺成纱线。国内细纱机的发展经历了从手工操作到自动化、智能化的转变。

20世纪50~60年代，中国的纺织工业主要依赖进口的细纱机。这些机器大多来自欧洲和美国，价格昂贵且维护成本高。为了降低对进口设备的依赖，中国开始自主研发和生产细纱机。到了20世纪70年代末至80年代初，中国开始引进外国的先进细纱机技术，并进行消化、吸收和创新。通过与国外企业的合作和技术交流，中国的细纱机制造业逐渐发展起来。

随着中国经济的快速发展和人民生活水平的提高，对纺织品的需求也在不断提高。这为细纱机的发展提供了广阔的市场空间。为了满足市场需求，中国的细纱机制造商不断推出新产品和技术，提高了设备的生产效率和质量。

随着科技的进步和全球化的趋势，中国的细纱机制造业面临着更大的机遇和挑战。一方面，国际市场对中国的纺织品需求持续增长，为细纱机的销售提供了更多的机会；另一方面，国际竞争日益激烈，要求中国的细纱机制造商不断提高产品的技术含量和附加值。为了应对这些挑战，中国的细纱机制造商加大了技术研发和创新的投入。不仅引进先进的生产设备和技术，还加强了与高校和科研机构的合作，推动产学研一体化的发展。此外，细纱机制造商还注重培养高素质的技术人才和管理人才，提高了企业的核心竞争力。

近年来，随着人工智能、大数据和云计算等新技术的快速发展，中国的细纱机制造业也迎来了新的发展机遇。许多企业开始将这些新技术应用于细纱机的设计和制造中，实现了设备的智能化和自动化。这不仅提高了生产效率和产品质量，还降低了生产成本和能源消耗。

尽管中国的细纱机制造业取得了显著的成就，但仍然存在一些问题和挑战。首先，与国际先进水平相比，中国的细纱机在技术水平和产品质量上仍有一定的差距。其次，由于市场竞争激烈，一些企业过于追求规模扩张而忽视了技术创新和品质提升。此外，随着环保要求的提高和资源成本的上升，如何在保证经济效益的同时实现绿色生产和可持续发展也是一个重要的课题。

1.4.1.1　牵伸区发展

细纱牵伸技术历经演变，从基础的罗拉双区牵伸，逐步发展为三罗拉、双短胶圈配置，并融入平销固定钳口等先进设计，国内设备普遍采用三罗拉、双胶圈、上托式下销及弹性钳口结构，但前后区设计各有特色。在国际舞台上，SKF、R2P、INA-V 型及国产 YJ2 系列、QVX、R2V 等前区均采用上短下长双胶圈牵伸，其中 R2P、QVX 型通过缩短前中罗拉间距与浮游区长度来优化牵伸效果。HP 型与国产 JF 型则以前区双短胶圈为特色，HP 型通过新型金属下销解决了稳定性与操作性的问题，JF 型则创新采用下压式上销配双锭短下销，强化了双胶圈摩擦力界的控制力，其前区结构在现有产品中实现了最短的浮游区长度，实测可低于 10.5mm，展现了卓越的牵伸性能。不同双胶圈及销的前区结构和摩擦力界示意图如图 1-20 所示。

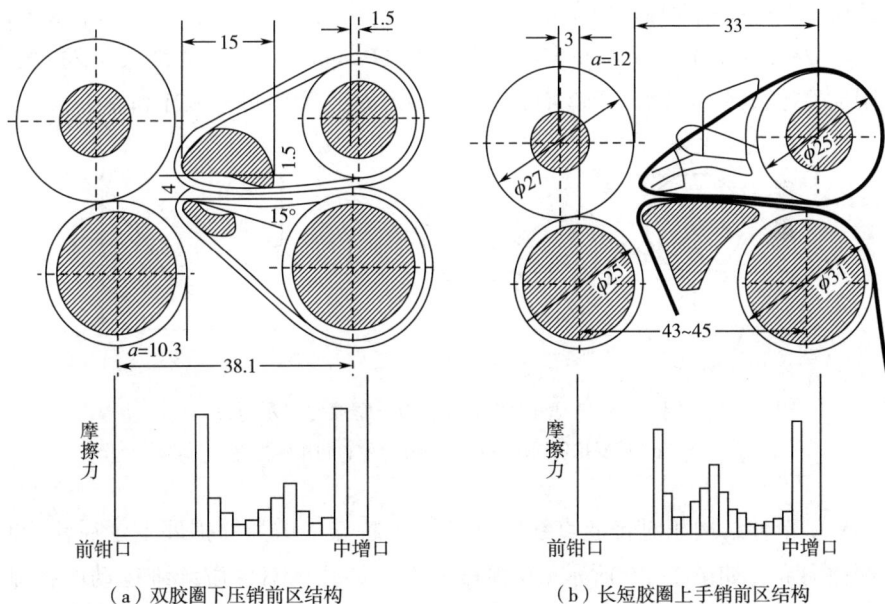

（a）双胶圈下压销前区结构　　　　（b）长短胶圈上手销前区结构

图 1-20　不同双胶圈及销的前区结构和摩擦力界示意图（单位：mm）

新型双短胶圈前区结构具有以下特点：前区摩擦力界分布更合理，提高了胶圈对纤维的控制能力。原长短胶圈牵伸形式采用下销上托式存在两个问题：一是由于下销位置结构限制了上托的程度，使胶圈中部控制纤维能力不足，这正是有新型下销棒产生的原因；二是上销架为固定结构时，胶圈安装需要有一定余量，而回转时其又是松边，因此受一些因素影响时较容易产生胶圈中凹，而削弱胶圈中部摩擦力界。弹性下压式胶圈中部附加摩擦力界，彻底解决了原来存在的问题。

前区罗拉隔距减少 5mm 以上，使纤维在前区的浮游动程缩短，从而大幅减少了短纤维由于失控而产生的异距偏差量，由此大幅度减小对成纱条干均匀度的影响。

进一步缩小浮游区距离，由于采用二锭式薄型下销，胶圈钳口可进一步前伸至前罗拉钳口，最小浮游区可小于 10.5mm，可以更有效地控制 12mm 以下的短纤维在牵伸过程中的异距偏差量。

细纱后区牵伸形式也有两种，SKF、HP、R2P 型和国产 FA500 型配 YJ2 系列的后区属于罗拉直线牵伸，但在罗拉中心距的配置上有所不同，尤其是 R2P 型牵伸后区罗拉中心距较长，这与采用工艺不同有关；INA-V、QVX 型等牵伸属于罗拉曲线牵伸，由于抬高后下罗拉，并使上罗拉后偏，与水平线夹角为 25°~28°，从而使中后罗拉中心距缩短到 39~44mm。同时附加了后罗拉表面的附加摩擦力界，V 型曲线牵伸结构及摩擦力界示意图如图 1-21 所示。

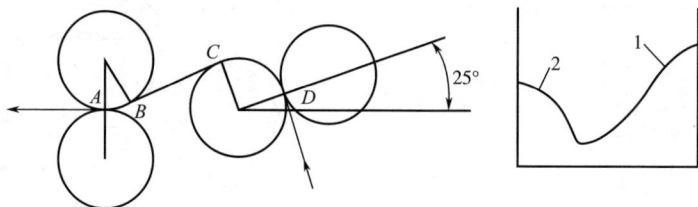

图 1-21　V 型曲线牵伸结构及摩擦力界示意图
1—后罗拉包围弧力界　2—中上罗拉包围弧力界

V 型牵伸结构相对普通直线牵伸有如下特点：增强并扩展上了后钳上口处摩擦力界，如图 1-21 所示 CD 弧段，大大加强了对浮游纤维运动的控制。进入牵伸区的粗纱条贴附在后罗拉包围弧上，受引导力的作用压成扁平带状而不易翻滚和捻度传递，但当脱离 CD 弧后，由于捻回的重分布而迅速向 B 处传递集中，从而使牵伸后的须条不仅不松散，反而向中罗拉钳口处逐渐收缩，形成较紧密纱条。

在较小的罗拉隔距条件下，具有较长的罗拉钳口握持距（AD 曲线长），以及较短的非控制浮游区长度（BC 直线段），从而大大减少了后区牵伸中浮游纤维数量及其浮游动程。

（1）细纱牵伸加压机构发展特征

SKF 的 PK-2000 型和国产 TF18、YJ-X 系列摇架是圈簧加压；HP 的 HP-A-320 型摇架是板簧加压；R2P 的 FS160P3、INA-V 的 DA2122 型和国产的 QVX 和 R2V 的 QYJ（V）系列摇架均属于气动加压。目前我国细纱牵伸加压主要以圈簧加压摇架为主，气动加压摇架已引起重视，其优越性日渐显现，用量逐渐增加，主流趋势明显。

（2）弹簧牵伸加压机构发展特征

国产摇架从 YJ1、TF18 到 YJ2-100 系列摇架的设计，结构逐步合理、完善，其皮辊握持组合件受力面与弹簧中心线呈垂直，各组合件受力更加平稳。但是最后皮辊握持座与弹簧加压面仍然保留了自由状态，同时机构加工与装配精度问题和罗拉握持钳口三直线平行问题依然存在。

弹簧加压由于弹簧变形的因素比较复杂，包括弹簧材料、圈簧的螺旋比、工作圈数、负荷力与弹簧圈的同心度等，因此，弹簧压力的变化也比较复杂。但是不论如何设计，弹簧长期运行后出现的疲劳与塑性变形，使牵伸加压出现难以控制的随机锭间差异，这是弹簧加压存在的致命缺陷。

HP 的 HP-A-320 型板簧摇架，针对 PK225 型从设计和制造精度上有所改进。以坚实的板簧为加压元件，相对横截面大、变形小、坚固耐用，不易疲劳。上罗拉采用定位器设计，装配精度高，使握持钳口线之间保持较高的平行度和稳定性。采用无自调平行作用的板簧固定加压组件，依靠高精度加工，确保"三线"平行。加之握持罗拉位置的直径由原来的 9.5mm 变为 12mm，握持宽度由原来的 16mm 变为 21mm，从而使下罗拉弯曲变形小、运行更稳固。在加压状态下，上罗拉可采用微调设置，提高了装配精度。

（3）气动牵伸加压机构发展特征

杠杆比例分配式 QYJ（V）系列气动摇架是我国吸收消化 INA-V 牵伸的 DA2122 型设计，其皮辊握持组合件与调整座和摇架体均有定位设计，各机件受力较平稳，在原材料与加工精度保证的前提下，加压机构稳定性和上罗拉钳口三直线平行度大为提高。但前中罗拉压力由杠杆尺寸按比例分配，相互有搭配关系。前罗拉双锭加压为 10~20kg，无级可调。

大量实验证明，气动摇架性能明显优于弹簧摇架，具体特点为气体静压稳定可靠，不会衰退，压力处处相等，锭差、台差较小；加压充分，调节方便，能适应各种条件下"重加压"工艺要求，可在机器运转中进行整体无级调压，这对处理环境温湿度突变而造成牵伸力骤增有特殊作用；停车时可方便地进行半释压或全释压，在半释压状态下，罗拉钳口握持线不产生相对滑移，不破坏握持须条结构，再开车时不产生滑移细节和断头。可避免较长时间停车对胶辊产生凹痕损伤，这对推广应用软弹胶辊有重要意义；管理方便，压力可由表显示，并可对欠压和过压自动保护，实现压力在线监测；加压元件简单、结构轻巧，加工和装配精度较高保证了胶辊与罗拉间、胶辊与胶辊间的平行度。整体无易损、衰退零件，便于清洁、保养。

图1-22 PK-5000型气压加压摇架示意图

PK-5000型气压加压摇架示意图如图1-22所示，该摇架除上述优点外，还做到了压力稳定一致、处处相等，进一步缩小锭间和台间的差异。此外，可实现前中后三挡压力各自独立设计调整，由此，使牵伸工艺优化范围更大、更灵活，优化目标更高。

1.4.1.2 高锭速的发展

提高环锭细纱机的纺纱速度，目前已引起国内外纺织界的高度重视，欧美等国家早在20年前就提出环锭纺高速纺纱的思路与措施。目前，随着带自动落纱装置细纱长车的推广应用，为环锭细纱机提高速度创造了良好的条件。如采用小卷装（较小钢领直径）、高速锭子等措施，可以提高纺纱速度。

国际知名品牌的细纱机，如立达G32、青泽Z351、丰田RX300及朗维LR9等型号，均展现出卓越的锭子设计速度，可达25000r/min，实际运行中能轻易超过20000r/min的门槛。国内细纱机制造业近年来通过一系列技术创新，已逐步缩小与国际水平的差距。例如，经纬榆次公司的JWF1566型细纱机，作为新一代整节装箱设计产品，其锭子设计速度同样达到国际领先的25000r/min，旨在满足市场对高速、节能、高稳定性及可靠性的高要求。而浙江凯灵纺机的ZJ1618型细纱机，通过电机独立驱动车头牵伸与钢领板升降系统，实现了高速运转，锭子速度也突破 19000r/min。这些国内外细纱机的锭子速度较传统机型显著提升，增幅为 3000~5000r/min，直接促进了生产效率增长约 20%，标志着纺织机械技术的显著进步。

1.4.1.3　集体自动落纱技术的普及和多锭化的发展

纺纱是劳动密集型企业，用工多、招工难、工费成本逐年提高的问题也十分突出，因此积极采用带自动落纱的长机、减少劳动用工，已是众多纺纱企业技术改造的重点。为了适应环锭纺纱技术向自动化、机电一体化发展，上海二纺机、经纬纺机、东飞马佐里纺机及中国人民解放军 4806 工厂等在消化吸收国外先进技术的基础上，自主开发出带有自动落纱装置的细纱长机，并均已投入批量生产，开始在国内纺纱企业使用。国内几家纺机厂生产的带自动落纱细纱长机，尽管结构上有所不同，但主要技术和性能指标均接近国外水平。

细纱工序一直是用工最多工序之一，而采用集体自动落纱技术后，将原人工落纱、插管改变为自动落纱、自动插管、自动运输纱管，彻底解放了落纱工的繁重体力劳动，实现了"机器换人"。目前国内在细纱长机上采用自动落纱技术已有近 10 年时间。技术不断成熟，其效果在业内已得到共识，自动落纱比原人工落纱的停台时间可缩短 1~2min，落纱后留头率也比人工落纱提高 3%~5%，一个落纱队从原来 6 人减少为 2~3 人，按每万锭配一个落纱队计算，三班运转落纱工可从原 18 人减少到 6~9 人。

目前国内有环锭纺细纱机 1.2 亿多锭，而目前采用集体自动落纱的细纱长机只 2000 万锭左右，尚有 1 亿多锭常规细纱机仍采用人工落纱，解决常规细纱机的集体自动落纱问题，这是多数纺纱企业所期盼的。

目前主流的集体自动落纱方式有两种。一是在现有细纱机上加装集体自动落纱装置，经纬榆次分公司的 JWF1510 型细纱机、马佐里公司的 DTM-129 型细纱机、浙江凯灵纺机的 ZJ1618 型细纱机、山西贝斯特纺机公司的 BS516 型细纱机等，都适宜改造成集体自动落纱细纱机，但目前改造成本较高，对部分企业仍有一定难度。二是采用智能型自动落纱小机来取代人工落纱，智能落纱小机采用伺服电动机控制，能自动在细纱机铺设的轨道上往复行走，每次能自动拨管 8~12 个，并自动将空管插入，每组配两台落纱小机采用双面落纱；落纱停台时间能控制在 3min 左右，落纱留头率能达到 90% 以上，已接近集体自动落纱的各项指标。安徽铜陵松宝公司生产的 S9 型智能细纱机经多次改进，技术不断完善，在国内使用已超过 500 台，国内著名大型纺纱厂如安徽华茂、江苏大生、山东德棉、宁波百隆东方等都已大面积推广使用。如宁波百隆东方公司已使用 6 组（12 台+1 台备机）13 台智能小机，每组落纱小机纺 18.4~29.2tex（32~40 英支）纱时可供 1.5 万锭落纱，每组只配落纱工 2~3 人，比原来人工落纱时减少一半左右落纱工，且落纱工劳动强度减轻，深受一线工人欢迎。

采用智能自动落纱小机，具有改造方便、适用机型多、改造成本低等优势，其每锭的改造费只有集体自动落纱装置的 1/3，改造费用投入可在 2~3 年内从节省用工费用中收回，因此可作为常规细纱机实现自动落纱的优选方案。

1.4.2　国内外环锭纺纱设备特点

2013~2022 年，中国纤维加工总量从 4850 万吨增长到 6000 万吨，占世界纤维加工总量 50% 以上。纤维生产品种覆盖面广，高性能纤维总产能占世界比重超过三分之一。2020~2022 年，纺织服装出口总额连续三年保持在 3000 亿美元以上，对世界纺织品服装出口总额的增长贡献率超过 50%。

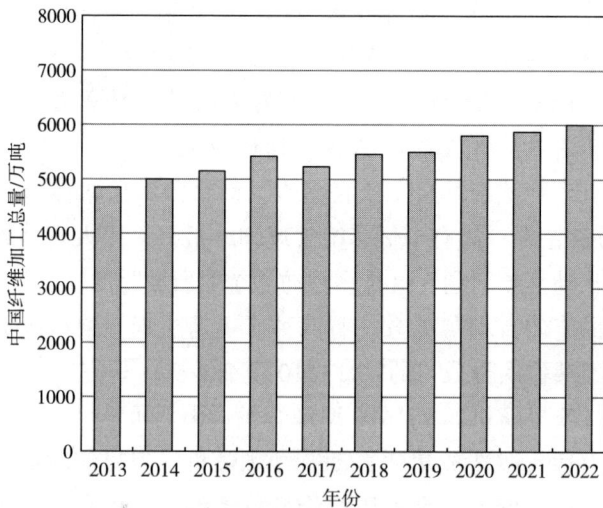

图 1-23　中国纺织纤维加工总量及占世界比重

目前国内外生产环锭细纱机的厂家主要包括德国的立达（Rieter）纺织仪器有限公司和卓郎（Saurer）智能技术股份有限公司，日本的康妮泰克斯（Cognetex）公司，中国的经纬纺织机械股份有限公司、上海二纺机股份有限公司、宜昌纺机厂和山东同大机械有限公司等（表 1-2）。

表 1-2　国内外部分环锭细纱机型号、特点及其年售量（不完全统计）

国家	生产厂家	设备型号	设备特点	年销售量/台
德国	立达（Rieter）纺织仪器有限公司	G37	配备半电子牵伸系统，能够满足经济型纱线生产的需求	1460
		G38	高速且灵活，具有高达 28000r/min 的锭速，同时采用高能效组件，可降低能耗	2470
	卓郎（Saurer）智能技术股份有限公司	ZR72XL	适用于所有类型的纱线，包括牛仔、T恤和帆布用纱线等，特别注重高生产率、灵活性和完善的自动化方案	2370
		Zinser51	强调可持续性纺纱、经济效益最大化、用户界面友好和灵活的自动化方案	3620
日本	康妮泰克斯（Cognetex）公司	IDEA 细纱机	提供多种配置和技术解决方案，可满足毛纺工业上的具体要求，用于生产高质量精梳纱线	5700
中国	经纬纺织机械股份有限公司	JWF572 型细纱机	适用于高端市场，其特点包括电子加捻、新型机架、快速安装技术、新型集体落纱、快速落纱技术、夹纱锭子、两头吸棉节能技术、单锭断纱检测（选配）、全自动理管技术以及智能化电气控制系统	1350
		JWF1562E 型细纱机	锭子与罗拉分离传动技术、高精度进口伺服系统控制罗拉传动、简单的细纱工艺调整、扁平化及图形显示技术、无须改造即可实现纺竹节纱的功能、可选配单锭断头检测功能和夹纱器锭子	2430
		JWF1566 型细纱机	具有高速纺纱能力，减少安装时间，提升安装精度，具有高速性能和低断头率，适用于多种纺纱方式和不同品种的要求	4070
		F1518A 型细纱机	将粗纱纺制成细纱，为递增式锭数	1130

续表

国家	生产厂家	设备型号	设备特点	年销售量/台
中国	上海二纺机股份有限公司	EJM128型细纱机	适纺纯棉、棉型化纤的纯纺或混纺纱	2130
	宜昌纺机厂	FA541A型细纱机	用于纺制棉及化纤的纯纺或混纺细纱	2060
	山东同大机械有限公司	FA502型细纱机	用于纺制棉及化纤的纯纺或混纺细纱	3560
		FA528型细纱机	程控器自动控制纺纱过程，可选配变频器以设定变速曲线，并通过液晶显示器显示各纺纱参数	2130
		FAB808型细纱机	适用于纤维长度130mm以下，并且纤维长度差异较大的毛纺及混纺，如羊绒、兔毛、天丝、棉、麻、化纤等各种纤维的纯纺与混纺	1140
		F1508型细纱机	成纱质量好、自动化程度高、操作简单、便于管理的机型，适用于纯棉或化纤的纯纺或混纺	910
	山西贝斯特机械制造有限公司	BS56型细纱机	具备循环粗纱自动输送、细纱断头在线监测、粗纱断纱自停等智能化功能	1256
		BS588型细纱机	贝斯特最新研制的新型数控超长集体落纱细纱机，最高锭数可达1512锭	1456
		BS580型细纱机	采用数控车头，传动平稳，安装快捷精准，调整方便，安装效率提升10%以上。独立机架，稳定可靠	1285
	恒天集团	F1520型细纱机	带有自动落纱装置，具有节能环保、高速纺纱工艺、节省人工等特点，代表了纺机装备制造业的发展方向。该机型在纺纱过程中能够实现高效、稳定的卷绕和加捻，同时减少人工干预，提高生产效率	2532

续表

国家	生产厂家	设备型号	设备特点	年销售量/台
中国	中国人民解放军第四八零六工厂	ZJ1528 型细纱机	作为 ZJ1518 细纱机的换代产品，ZJ1528 型环锭细纱机集合了国内外先进纺纱机技术，是国内较优秀的纺纱设备之一	1523
		ZJ1598 型细纱机	作为 ZJ1528 的紧密纺机型，ZJ1598 型细纱机进一步提升了纱线的质量和性能，采用紧密纺技术使纱线结构更加紧密	1489
	浙江金鹰股份有限公司	FX506 型细纱机	设计成固定不动的钢领板以确保张力恒定和气圈恒定；由 PLC 和变频器控制的主传动使锭速可以在一定范围内（如 5000～8800r/min）随意调节；光电型或压电式的粗纱自停装置能在细纱断纱时自动切断粗纱，防止缠绕罗拉等	2100
		X510 型细纱机	具有高效、智能的特点，显著提升了技术装备水平，为纺织机械的更新换代和质的提升做出了积极贡献	2139
	常州市同和纺织机械制造有限公司	TH598 型细纱机	具备全电子牵伸、积极式电子升降、钢带式集体落纱等先进技术，提高了生产效率和产品质量	2578
		TH698 型细纱机	配备锭子传动节能系统，降低了能耗，提高了能源利用效率	2130

1.5　本章小结

本章从历史及工业发展的角度系统讲述了纺纱技术的发展历程，并介绍了环锭细纱机的结构设计及其发展状况，最后还收集了近几年国内外的先进环锭细纱机的型号及其特征。由此可知，中国纺织工业在纤维材料、纺织、染整、产业用纺织品、纺织装备和信息化等领域取得了显著的成就，自主创新能力、技术装备水平和产品开发能力整体提升。中国在全球纺织纤维加工总量和纺织品服装出口额中占有重要地位，纺织品服装出口额占全球市场的近四成。同时，中国细纱机制造业正通过引入人工智能、大数据和云计算等新技术，推动设备的智能化和自动化，以提高生产效率、降低成本并实现绿色可持续发展。尽管取得了显著进步，但中国纺织工业仍面临与国际先进水平有技术差距、市场竞争激烈、环保要求提高和资源成本上升等挑战。

第2章

新型环锭纺纱技术

2.1 紧密纺技术

　　紧密纺技术是在 20 世纪末至 21 世纪初诞生的一种新型纺纱技术。传统的环锭纺纱技术在生产细支纱和高支纱时存在一定的局限性，如纱线强力不足、毛羽较多、条干均匀度较差等问题，这些都限制了纺织品的质量和性能。随着经济的发展和人们生活水平的提高，市场对纺织品的质量要求越来越高，尤其是在高档面料和特种纺织品领域，对纱线的质量提出了更高的要求。随着材料科学、机械制造和自动化控制技术等方面的进步，为纺纱技术的创新提供了可能。紧密纺技术就是在这种技术进步的背景下应运而生的。紧密纺具有更高的原料利用率，在一定程度上减少了废料的产生，符合环保要求。

2.1.1 紧密纺设备特点

　　紧密纺技术就是针对传统环锭纺的加捻三角区这一技术缺陷而研发的创新技术，是指纤维须条在经过环锭纺纱机的主牵伸区后进入加捻区时，利用气流或机械的作用，使输出比较松散的须条纤维向中心纱干集聚，减小甚至消除加捻三角区，从而使纤维进一步平行伸直、毛羽减少、纱条紧密的一种新的环锭纺纱技术。

　　紧密纺技术是环锭纺纱领域的一次实质性飞跃。它显著地提高了纱线品质和性能，改善了生产环境，提高了生产效率，也为后续加工工序提供了良好的条件。紧密纺的优势涉及节省原料、节约能源、减少人力、保护环境、提高生产效率、改善纱线品质等一系列纺织生产过程中有关工艺、成本和管理的项目，是一种具有综合效益的新型环锭纺纱技术。

　　紧密纺的原理是在传统环锭细纱机的牵伸系统前增加一个纤维控制区，

使纤维束宽度在进入加捻区时接近或等于细纱直径，从而减小或消除加捻三角区。这一控制的结果，得到了毛羽少、强力大等性能得以提高的紧密纺纱。传统环锭纺与紧密纺加捻区的比较如图 2-1 所示。紧密纺从 A–A' 经 C–C' 到 B–B' 为纤维收缩控制区。

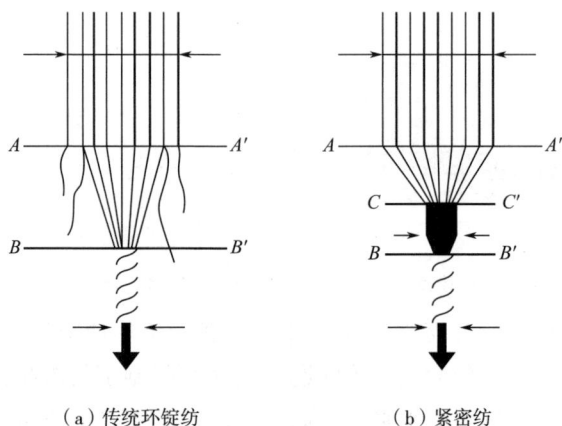

（a）传统环锭纺　　　　　（b）紧密纺

图 2-1　传统环锭纺与紧密纺示意图

目前，根据控制纤维的形式，可将紧密纺系统分为气流集聚型和机械集聚型两大类。

2.1.1.1　气流集聚型紧密纺系统

气流集聚系统是一种高效纺纱技术，它巧妙运用负压气流原理，对牵伸后的纤维须条实施横向压缩与聚拢，促使边缘纤维紧密向纱芯靠拢，显著缩减了纺纱过程中的加捻三角区，进而有效降低了纱线表面的毛羽量，增强了纤维的利用效率与成纱的强韧度。当前市场上，这一技术已发展出多种纺纱系统供企业应用。

（1）集聚罗拉集聚型紧密纺系统

该系统的主要特点是取消原细纱机牵伸机构的前罗拉而以集聚罗拉代之（图 2-2），同时把集聚罗拉兼用作气流集聚元件和输出罗拉，即集聚罗拉同时具有牵伸纤维须条、

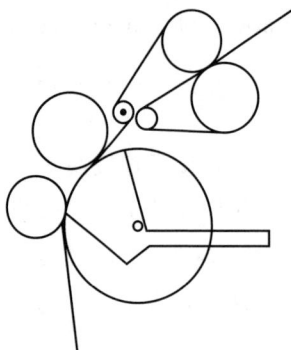

图 2-2　集聚罗拉集聚型紧密纺系统

控制集聚牵伸输出纤维、输出紧密纱条并阻捻三种作用。因此，集聚罗拉设
计要求高、制造难度大。

（2）吸风管套集聚圈型紧密纺系统

该系统在保留传统细纱机牵伸组件的基础上，创新性地融入了紧密纺集
聚模块。该模块核心组件包括固定和连接负压系统的吸风管、套于其上并随
纤维须条同步旋转的集聚圈、输出罗拉与胶辊及其传动装置（图2-3）。其
中，吸风管设有吸气缝，而集聚圈则密布小孔，两者协同工作，通过负压气
流实现对纤维的横向收缩与紧密集聚，显著优化了纺纱过程。德国苏斯肯
（Suesscn）公司的 Elite 型紧密纺系统为该类型中的杰出代表。

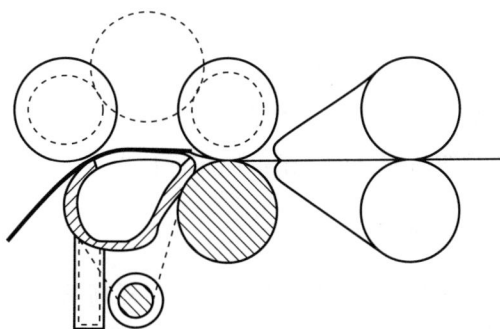

图2-3　吸风管套集聚圈型紧密纺系统

2.1.1.2　机械集聚型紧密纺系统

机械集聚型紧密纺系统是利用集聚元件的几何形状、材料性质和结构特
征将牵伸后的纤维收缩、聚合和紧密，使须条边缘纤维有效地向纱干中心集
聚，最大限度地减少纺纱过程中的加捻三角区，减少毛羽和改善成纱品质的
一种紧密纺系统。机械集聚型紧密纺系统的结构特征是，在纤维集聚区内没
有任何气流集聚元件，仅具有机械集聚元
件。按照机械集聚元件的特征结构，机械
集聚型紧密纺系统目前还可以进一步分为
三种类型：第一种是集合器集聚型紧密纺
系统（图2-4）；第二种是齿纹胶辊集聚型
紧密纺系统（图2-5）；第三种是齿纹胶圈
集聚型紧密纺系统（图2-6）。

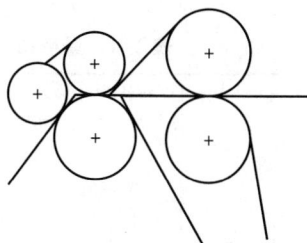

图2-4　集合器集聚型紧密纺系统

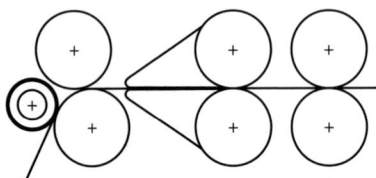

图 2-5　齿纹胶辊集聚型紧密纺系统　　图 2-6　齿纹胶圈集聚型紧密纺系统

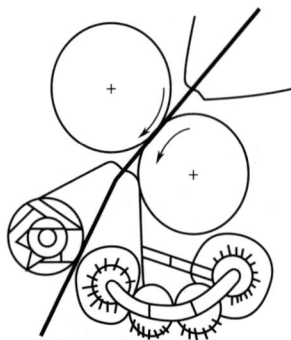

目前商业化采用机械集聚型紧密纺系统的只有瑞士旋翼机（Rotorcraft）公司的 ROCOS 型紧密纺细纱机，为集合器集聚型紧密纺系统，国内也有类似 ROCOS 型紧密纺纱机的结构设计，推广应用尚待考验。

2.1.2　紧密纺纱线特点

在紧密纺纱产品开发方面，国内纺纱企业为提高紧密纺纱线产品附加值，正朝向使用多种原料开发多种纱线发展，紧密纺已不再是生产纯棉精梳纱线的"代名词"。目前已开发并批量生产的紧密纺纱线应用有以下五种。

（1）紧密纺在色纺纱上的应用

色纺纱是指在纤维染色后再纺纱的方法，但纤维染色后强力下降，长度变短，短纤维增加，对色纺纱质量影响较大，表现为纱线强力下降与毛羽增加。而采用紧密纺纱技术可以显著提高色纺纱的质量。表 2-1 是浙江百隆纺织公司采用紧密纺纱装置后生产的色纺纱与同品种环锭色纺纱纺纱质量的对比情况。

表 2-1　紧密纺色纺纱与环锭纺色纺纱纺纱质量对比

指标	紧密纺色纺纱		环锭纺色纺纱		对比
	测试值	Uster 公报 2022 年统计值水平	测试值	Uster 公报 2022 年统计值水平	
条干均匀度	12.91%	25%	13.09%	50%	-7.7%

续表

指标	紧密纺色纺纱		环锭纺色纺纱		对比
	测试值	Uster 公报 2022 年 统计值水平	测试值	Uster 公报 2022 年 统计值水平	
3mm 以上毛羽数	1.24 根	—	2.59 根	—	−52%
单纱强力	14.1cN/tex	75%～95%	12.3cN/tex	大于 95%	+14.6%
单纱强力不匀率 (CV 值)	6.68%	5%～25%	9.03%	75%	−26%

注　生产品种 14.6tex（40 英支）；原料成分：50% 染色棉，50% 本色棉。

　　从表 2-1 可以看出，紧密纺色纺纱比常规环锭纺色纺纱质量有明显提高，尤其是 3mm 以上有害毛羽减少了 52%，成纱强力提高了 14.6%，强力不匀率下降 26%，成纱条干也有明显改善。

　　（2）紧密纺在毛精纺纱上应用

　　羊毛纤维强力较棉纤维低，且纤维线密度比棉纤维大，在普通环锭毛纺细纱机上生产，需要用增加捻度的方法来提高成纱强力。但捻度增加又会使产量降低，因此国内不少毛纺企业近几年来积极采用紧密纺技术来生产精纺毛纱。其优点是在同等纱线强力下，可相应减小捻度，使产量提高。

　　（3）紧密纺在麻纺生产中应用

　　安徽铜陵的一家麻类纺织品制造商，针对苎麻纱常见的毛羽过多、表面粗糙及疵点显著等问题，在 Z501 型麻纺细纱机上实施了紧密纺技术改造。该技术显著改善了纱线的质量，具体表现为：27.8tex 规格纱线的 3mm 毛羽数量降低 57.1%，单纱强度提升 11.8%，同时强力变异系数和条干均匀度变异系数也分别减少了 4.9% 和 1.93%，麻粒问题减少了 60.3%。这些质量上的飞跃，直接促进了后续织造流程的优化，如降低了上浆率、减少了经纬向断头，进而提升了织机效率。例如，采用紧密纺技术的 27.8tex 麻纱在织造时，上浆率下降了近 25%，经向断头率减至原来的三分之一左右，显著提高了生产效率。

　　此外，浙江华通色纺公司也在大麻混纺纱生产中引入了紧密纺技术，专注于生产棉/麻（70/30）纱。选用长绒棉与经过脱胶处理的大麻精干麻为原料，克服了大麻纤维粗硬且长度差异大的难题，通过预处理及精梳工艺的精细调控，成功纺制出高支数［7.4～9.8tex（60～80 英支）］的棉麻混纺纱，展现了紧密纺技术在复杂纤维处理上的卓越能力。

（4）紧密纺在半精纺纱线中的应用

半精纺使用的原料要比毛精纺短而杂，且工艺上梳理又不及毛精纺充分，因此，生产同样支数的纱线，半精纺纱线中头端外露多形成毛羽。针对半精纺纱线的缺点，国内半精纺企业积极采用紧密纺技术来提升半精纺纱线品质。浙江生产半精纺高端纱线企业积极用紧密纺技术来改造常规细纱机，改造机台已有 4 万~5 万锭，从改造后的运行情况看有以下几方面效果。

纱线毛羽减少 50% 以上。由于紧密纺技术对纺纱三角区有很强的控制性，基本上消除了传统环锭纺三角区所产出的毛羽，良好的纤维集聚和整齐的纤维排列使成纱毛羽少而光洁。

纱线强力提高 10% 以上，条干均匀度改善。因紧密纺装置使纤维从前罗拉钳口引出后，立即受到负压气流的控制，纤维素与纤维之间呈平行状被逐步加捻，单纤维强力得到充分利用，因此纱线强力提高、条干均匀度好。如图 2-7 所示，用紧密纺技术纺制的半精纺纱线因强力提高，故用较低支数的羊毛就可以纺制出与普通环锭纺相同品质的纱线，也可以在保持一定纱线强力时降低 10% 捻度，从而提高纱线生产效率。

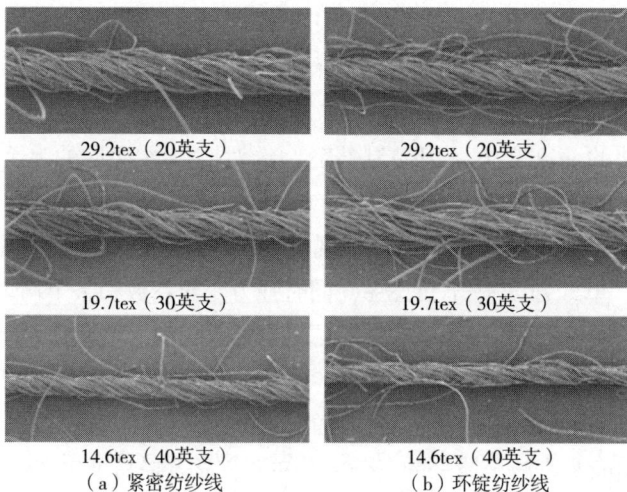

29.2tex（20英支）	29.2tex（20英支）
19.7tex（30英支）	19.7tex（30英支）
14.6tex（40英支） （a）紧密纺纱线	14.6tex（40英支） （b）环锭纺纱线

图 2-7　同线密度紧密纺和环锭纺纱线对比

利用紧密纺技术来生产半精纺纱线，可使飞花明显减少，生产环境得到改善，工人劳动强度减轻，制成率提高。由于用紧密纺技术生产的半精纺纱线具有上述优点，尤其是改善了制成织物的掉毛、起球等弊端，故细纱机的改造进度正在加快。

（5）紧密纺在黏纤纱中的应用

黏胶纤维由于其强力与伸长率较低，故制成纱线与织物强力低、耐磨性差。为了提升黏纤纱与织物的品质与档次，浙江许多纺纱企业将采用紧密纺与赛络纺技术作为提升黏纤纱质量档次的主要手段，改造力度远超其他纱线。据调查，浙江已改造的 100 万锭紧密纺细纱机中，在黏纤纱生产中超过 50%。用紧密纺技术生产的黏胶纱与常规环锭纱比较，强力明显提高、毛羽减少。表 2-2 是杭州益利隆纺织公司用紧密赛络纺技术生产的 9.8～19.8tex 黏纤纱达到的质量水平。

表 2-2　紧密赛络纺技术生产的 9.8～19.8tex 黏纤纱质量水平

黏胶纤维规格/tex	条干 CV 值/%	条干 CV_b 值/%	细节/（个/km）	粗节/（个/km）	棉结/（个/km）	>3mm 毛羽/（根/m）	平均强力/cN	强力 CV 值/%	重量百米 CV 值/%
9.8	11.25	2.67	2	18	27	0.28	168	7.8	1.5
11.8	11.03	2.55	0	9	20	0.44	202	7.4	1.5
14.8	10.77	2.58	0	7	12	0.43	272	7.2	1.6
19.8	9.75	2.42	0	4	8	0.47	350	6.8	1.6

注　CV_b 值反映的是锭子间条干的差异，$CV_b = CV$ 的标准差值/平均值，CV_b 越低说明管间差异越小。

黏胶纤维可纺性差，成纱强力低。从表 2-2 可以看出，黏纤纱采用紧密赛络纺技术后，成纱强力明显提高，3mm 以上毛羽数量很少，条干均匀度及常发性纱疵都有明显改善。由于纱线质量优，在针织后续加工中效率高、疵点少，并可取消烧毛工序，故后加工棉织企业愿意出高价采用紧密赛络纺黏纤纱。如浙江联鸿纺织公司面对客户对紧密纺黏纤纱的要求，加快了改造步伐，在 15 万锭细纱机中已有 7.5 万锭改造成生产紧密纺黏纤纱的设备，不仅提高了企业生产纱线的质量档次，且因售价高于普通黏纤纱，使企业获得了良好的经济效益。

2.1.3　国内紧密纺存在的问题

紧密纺设备投资大，固定成本高。在普通环锭细纱机上加装进口紧密纺装置，加装前每锭需要人民币 800～1000 元，加装国产紧密纺装置后每锭需人民币280~380元。随着国内紧密纺技术逐渐成熟，国内每锭改造价格已降到150元左右，国外罗卡斯装置也降至30欧元不到，但仍然偏贵。

在采用负压集聚式紧密纺纱装置时，因用气流集聚，纺纱时在每根纱线对应处有一个吸气口，吸气口处的负压集聚间差异较大。若要提高其一致性，就必须在每根吸管处加装一个能自动调节风量的扩展阀，这样不仅使紧密纺纱装置的结构更加复杂，还要增加投入的资金，为日常维护带来许多困难。

目前纱线接头普遍采用空气捻结器，由于紧密纺纱线结构紧密，纱身无边缘纤维，因此空气捻结效果较差。从紧密纺纱质量指标来看，纱线毛羽和强度有明显改善，纱线其他指标，如条干、粗节、细节等改善的程度略低。紧密纱同环锭纱一样，经络筒加工以后，纱的毛羽还会增加，导致前功尽弃。

传统环锭纺纱方法由于存在加捻三角区，在纺纱过程中不同性能的纤维在其中的转移情况不同。可以利用纤维在纱条径向的分布规律，通过对原料的适当选配获得更多的纱线品种和更理想的服用效果。而紧密纺几乎没有加捻三角区，不能形成类似的纤维转移，也就不能获得不同品种的纱线。

2.2 柔顺光洁纺纱技术

图2-8　柔顺光洁纺纱装置

柔顺光洁纺纱技术（柔洁纺）从纤维热力学性能出发，通过加热熨烫改善纤维成纱性能，从而减少纱线成纱毛羽。

如图2-8所示，柔顺光洁纺纱技术是在环锭纺纱加捻三角区设置加热陶瓷柔化接触面，降低粗纱向细纱变化过程中（成纱三角区）的纤维模量（刚性），使纤维更容易被弱小的加捻力捻入纱线主体中，从而减少毛羽、提高强力。

从图2-9中可以看出，随着温度的升高棉纤维初始模量呈下降趋势，柔洁纺通过升高纺纱加捻三角区的温度从而降低棉纤维的初始模量，使棉纤维在纺纱过程中更容易被捻入纱线主干。

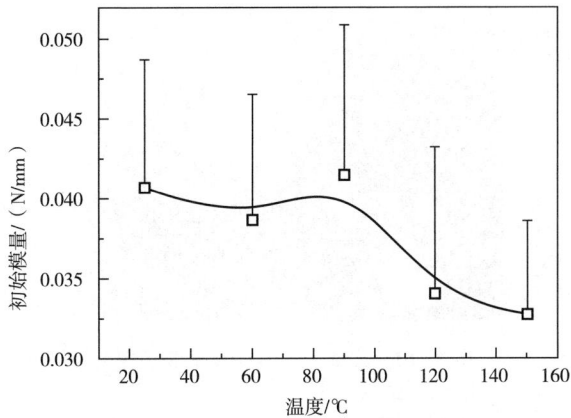

图 2-9 　不同温度下棉纤维初始模量变化曲线

2.2.1 　柔顺光洁纺纱设备特点

（1）柔顺光洁处理模块功能强、精密耐用、小巧美观

以循环工艺为核心的半导体陶瓷粉料（特别是 $BaTiO_3$ 掺杂稀土元素）的配方体系，结合精细的造粒、成形、烧结及上电极步骤，创新性地打造了一种能够实现高精度自动温控的安全加热方案。同时，针对热管理进行了突破性设计，采用优化的绝热防护构造，确保热量能够定向且定量地精确释放，极大地提升了能效。在接触工作面方面，通过实施高精度的形态优化设计与精密加工技术，特别是针对耐磨陶瓷材料，不仅提升了其表面的光滑度，还显著增强了其耐用性。此外，柔洁纺纱设备集柔顺光洁处理模块的多项功能于一体，如智能温控、定向热传导控制、安全报警显示及周全的防护机制，共同构建了一个功能全面、性能卓越、结构紧凑且外观精致的模块。这一模块的成功开发，不仅实现了温控系统的全自动化，还极大降低了能耗，确保了用户在使用过程中的便捷性与安全性。

（2）装置及连接基座的设备性强

柔洁纺纱装置架与柔顺光洁处理模块之间实现插拔式精确连接；研制出连接基座，实现调节安装柔洁纺纱装置，实现熨烫接触面与三角区纱条的高度协同成形；完成对约束紧度调节模块的设计（图 2-10），实现对不同细纱机台上所纺纱线表面毛羽包缠紧度的在线调节。

安全稳定
电控模块

约束紧度
调节模块

柔顺光洁
处理模块

图 2-10　柔顺光洁纺纱技术装备图

（3）电控模块装备可视、安全、简洁

完成电控系统模块的集成控制和连接设计，实现安装拆卸便捷化、安全保护自动化、功率能耗可视化。经集成创新和循环优化，柔顺光洁纱线高端制造技术装备成熟，挡车操作方便，目前纺纱效率在97%以上。

（4）柔顺光洁纺纱成本低

与负压集聚纺相比，柔顺光洁纺纱技术仅采用局部定向熨烫加热，运行能耗和成本低：目前经纬纺机推出柔洁纺装备单锭能耗为 2.85W（负压紧密纺装置单锭约为 11.9W）；单锭购买安装成本低。

（5）柔顺光洁纺纱装备普适性强

目前柔顺光洁纱线高端制造装备是针对量大、面广的棉型细纱机（占细纱机总量85%以上）进行设计和研制的，已成熟应用于棉纤维、棉型化纤、短麻纺等纱线的高端制备。

2.2.2　柔顺光洁纺纱线特点

柔洁纺装置如图 2-11 所示。柔洁纺装置安装在前罗拉的前方，对处在前罗拉钳口的纤维须条通过热湿作用进行柔顺处理，极大地降低了纤维的抗弯应力，使外露的纤维端通过加捻、扭转并移入纱体，从而消除或大幅度地减少了成纱毛羽。

（1）普通环锭纱与柔洁纱的毛羽对比

普通环锭纱与柔洁纱外观的毛羽对比如图 2-12 所示。

普通环锭纺与柔洁纺管纱与筒纱的毛羽测试结果对比见表 2-3 和表 2-4。强力和条干测试结果对比见表 2-5。

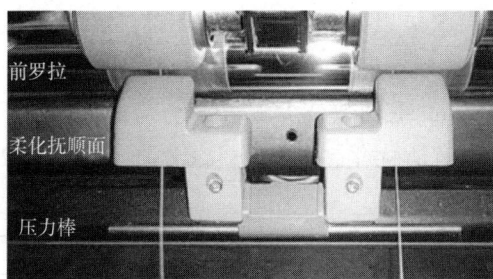

图 2-11　柔洁纺装置

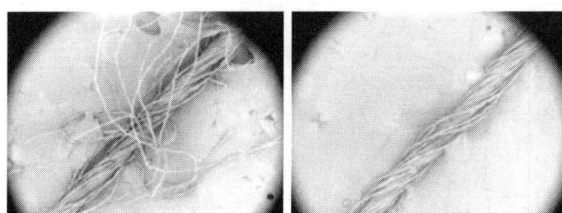

（a）普通环锭纱　　　　　　　（b）柔洁纱

图 2-12　普通环锭纱与柔洁纱外观的毛羽对比

表 2-3　普通环锭纺与柔洁纺管纱毛羽对比

品种	10m 纱线毛羽数/根								
	1mm	2mm	3mm	4mm	5mm	6mm	7mm	8mm	9mm
普通环锭纺管纱	907.89	146.00	37.00	18.78	9.33	4.28	2.39	1.11	0.61
柔洁纺管纱	615.00	86.89	17.05	7.94	4.14	2.42	1.17	0.59	0.28

表 2-4　普通环锭纺与柔洁纺筒纱毛羽对比

品种	10m 纱线毛羽数/根								
	1mm	2mm	3mm	4mm	5mm	6mm	7mm	8mm	9mm
普通环锭纺筒纱	1393.72	351.33	108.66	39.33	16.83	7.11	5.11	3.11	0.66
柔洁纺筒纱	1126.80	278.60	78.99	30.64	11.22	5.68	3.89	0.99	0.52

表 2-5　普通环锭纱与柔洁纱强力和条干对比

品种	管纱断裂强力/cN	管纱断裂强度/（cN/tex）	筒纱断裂强力/cN	筒纱断裂强度/（cN/tex）	筒纱条干CV 值/%
普通环锭纱	334.3	23.06	322.8	22.26	15.07
柔洁纱	338.1	23.32	329.1	22.7	14.84

由表2-3~表2-5可以看出，与普通环锭纱相比，柔洁纱毛羽改善明显。如图2-13所示，越是较长的毛羽，改善的幅度越大，管纱3mm毛羽减少53.9%；筒纱3mm毛羽数减少27.3%。与此同时，管纱和筒纱的强力也有所改善，条干也有所优化，筒纱条干CV值降低了0.23个百分点。

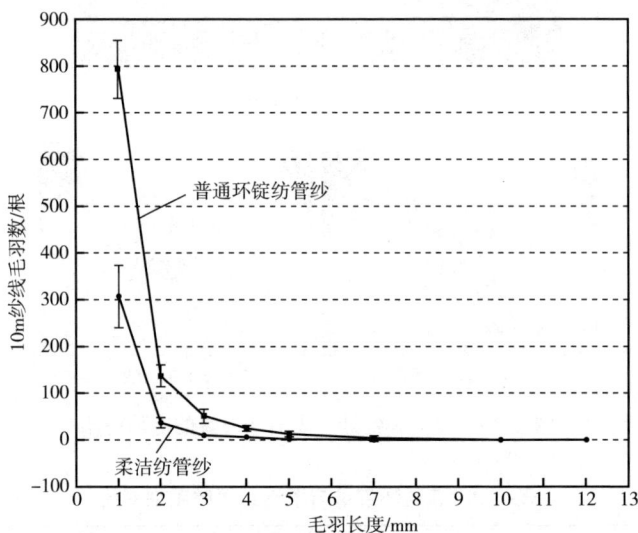

图2-13　管纱不同长度毛羽的根数比较

（2）莫代尔7.3tex机织纱对比

参考生产品种C/T 50/50 14.5tex针织纱经验，细纱工序采用柔洁纺装置，采取"中车速、小后区牵伸、大捻系数、较大粗纱回潮"的工艺原则，成纱捻度偏大，以保证须条间的紧密度，增加纤维间的抱合力，提高成纱强力。上机工艺参数见表2-6。

表2-6　上机工艺参数

项目	参数	项目	参数
温度	28~30℃	细纱锭速	16510r/min
相对湿度	60%~65%	前罗拉速度	145r/min
粗纱干重	3.26g/10m	钢领型号	PG1/23854
细纱捻度	153.5捻/10cm	钢丝圈型号	UDR14/0#
机械牵伸	43.45倍	隔距块规格	3.25mm

所纺莫代尔机织纱的毛羽测试结果见表 2-7。表 2-7 中测试结果表明，莫代尔 7.3tex 机织纱成纱条干 *CV* 值、单纱强力等质量标准均达到 GB/T 398—2018《棉本色纱线》要求，达到 Uster2023 公报 50% 的水平，同时能满足高端用户生产高档织物的要求，毛羽值有明显的改善，尤其是经过络筒过后再生毛羽改善较大。对于毛羽的改善，柔洁纱号数越细改善越明显，管纱和筒纱强力、条干状况也会得到进一步提高。

表 2-7　普通环锭纺和柔洁纺莫代尔 7.3tex 机织纱质量指标对比

品种	平均强力/cN	断裂伸长率/%	平均条干 *CV*/%	10m 纱线毛羽数/根					
				1mm	2mm	3mm	4mm	5mm	7mm
普通环锭纺管纱	137.0	7.2	12.81	1024.75	181.25	41.33	12.91	4.58	2.58
柔洁纺管纱	150.4	7.6	13.27	499.33	90.16	18.66	5.78	2.02	1.03
普通环锭纺筒纱	129.4	7.1	13.29	1722.25	478.75	149.00	59.75	25.75	9.83
柔洁纺筒纱	141.3	7.0	13.75	925.16	251.75	85.33	31.00	11.91	1.66

经过对莫代尔 7.3tex 柔洁纱与普通环锭纱织造对比，原环锭纱织造困难，效率低下，而柔洁纱织机效率达到 84.2% 左右，织造性能大幅提升。与集聚纺相比，柔洁纱织机效率略低，但柔洁纱线织造布面表面光洁、手感发硬，且后整理不用烧毛，退浆、染色用料均比集聚纱少。

2.3 扭妥纺纱技术

普通环锭纺纱，捻度是由下向上传递，在三角区形成弱捻区，无法满足须条边缘纤维成纱所需的捻度要求。同时，环锭纺三角区纤维张力会传递给成纱，导致成纱具有残余扭矩；纱体中纤维弯折越多，环锭纱的残余扭矩会越高。

扭妥纱又称低扭矩纱，是由香港理工大学陶肖明教授领导的团队研究发明的低扭矩、低捻度、高强力环锭纺纱产品。这种一步法生产低扭矩环锭纱的纺纱技术，有效地解决了传统环锭纱"低捻必然低强"这一困扰国际纺织业多年的难题。

2.3.1　扭妥纺纱设备特点

低扭矩环锭纺纱技术的创新之处在于，在传统环锭细纱机的前罗拉和导纱钩之间安装了一个简单的机械式假捻装置［图2-14（a）］，从而改变了纤维在成纱中的排列，使纱的残余扭矩通过其内部平衡而显著降低，在较低的捻度下，得到了扭矩低、毛羽少、强力较高及手感柔软的单纱。

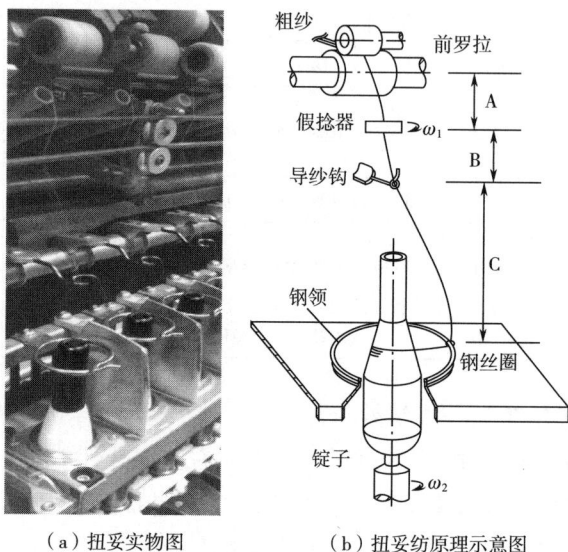

（a）扭妥实物图　　　（b）扭妥纺原理示意图

图2-14　扭妥纺纱加捻过程

如图2-14（b）所示，由于假捻装置的引入，传统环锭细纱机的纺纱区被分为两个部分：第一部分从前罗拉钳口到假捻器为A区；第二部分从假捻器到导纱钩为B区。当纤维经过牵伸从前罗拉引出后，在A区被假捻器加以一定数量的假捻（Z向），使在A区的纱具有远高于正常纱的捻度［图2-15（a）］。当纱离开假捻器进入B区，又被假捻器加以相反而相同数量的捻度（S向），因此该区中纱的捻度显著降低［图2-15（b）］。在假捻作用的同时，钢领和钢丝圈产生的真捻从气圈区（C区）传递上来，真捻和假捻之间的相互作用改变了传统纺纱过程纱的捻度和张力的分布，使扭妥纺过程不同于传统的纺纱过程。

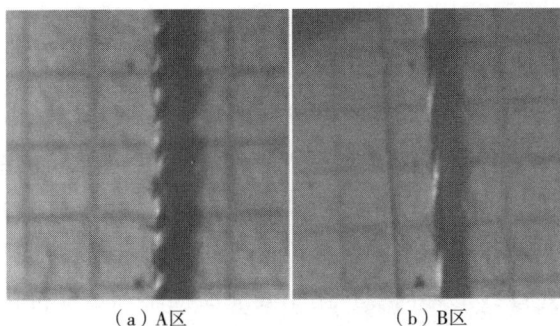

（a）A区　　　　　　　（b）B区

图 2-15　扭妥纺系统中的捻度分布

在扭妥纺系统中，所加假捻的数量可以通过一个新引入的参数进行调整，称为速度比，表示的是假捻器速度和出纱速度的比值。不同的速度比，将得到不同的捻度和张力分布以及不同的纺纱三角区，因此，其值大小直接影响最终成纱的质量。图 2-16 展示出利用高速摄影机在传统环锭纺纱和扭妥纺过程中观察到的纺纱三角区。

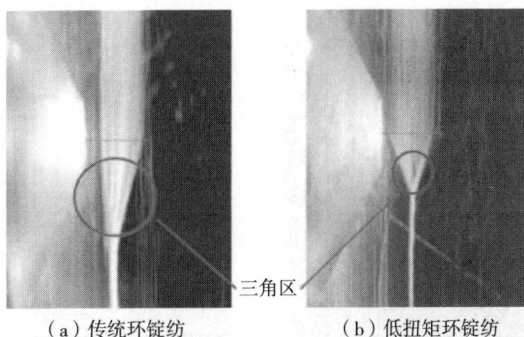

三角区

（a）传统环锭纺　　　　　（b）低扭矩环锭纺

图 2-16　高速摄影机下纺纱三角区形态比较

从图 2-16 可看出，在扭妥纺技术中，成纱三角区在轴向显著缩短，这归因于低扭矩环锭纺系统的独特设计，特别是假捻器的应用，它极大提高了 A 区域纱线的捻度，导致三角区内纤维所受张力急剧增加，促进了纤维在三角区内的快速转移与重排，进而形成了独特的单纱结构，赋予了低扭矩纱低捻度与高强力的特点。同时，扭妥纺过程中，成纱三角区显现出明显的纤维分束效应，这一现象促进了纤维在纱体内部的重新排列与紧密结合，增强了纤维间的抱合力，为低扭矩纱的高强力特性提供了另一层解释。

在扭妥纺过程中，纱线捻度的变化也导致了纱线张力分布的变化。由于在 A 区的纱具有高捻度，因此纱线承受的张力可以相对较低，极大地减少了在纺纱过程中断头的机会。而在捻度较低的 B 区，假捻器和纱之间的作用使纱线张力显著增加，有助于在纺纱过程中保持低扭矩纱独特的结构特点。

雷勇等设计推广了一种环锭纺纱机的加捻装置（图 2-17），在环锭细纱机的前罗拉钳口与钢丝圈之间的纺纱段中设置加捻装置，加捻装置中起主要作用的是用于稳定纱线的导向瓷、用于安装摩擦辊和传动机构的叶子板、用于加捻纱线的摩擦辊和用于带动摩擦辊旋转运动的传动机构。叶子板有固定部和活动部，固定部与环锭纺纱机的支架固定连接，活动部可绕固定部转动。摩擦辊由轴芯、传动齿轮和摩擦外套组成，并通过轴承固定在活动部上。传动机构包括沿环锭纺纱机的长度方向设置且由安装在首尾两端的传动电机带动的圆带，以及与传动齿轮配合连接且由圆带带动的齿轮轴。通过摩擦辊与纺纱段纱线接触带动纱线旋转加捻，可有效改善纱线毛羽提高纱线强力，但是由于稳定纱线的导向瓷要给纱线向摩擦辊方向的一定压力，因此会对纱线条干造成影响。

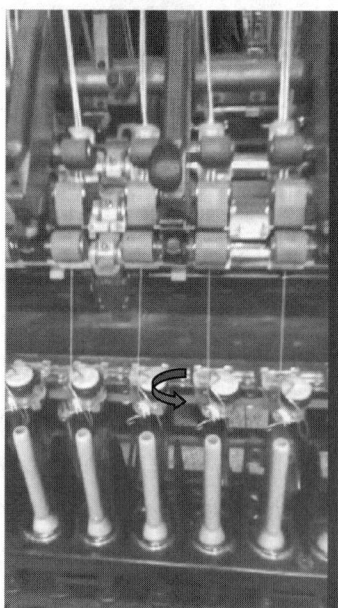

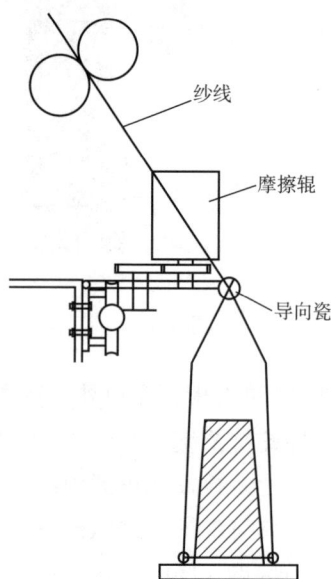

（a）加捻装置实物图 　　（b）加捻装置纺纱示意图

图 2-17　一种环锭纺纱机加捻装置

2.3.2　扭妥纺纱线特点

低扭矩纱线是通过综合运用纱线结构设计优化、精细纺纱工艺控制及纱线后续处理等手段，旨在降低纱线内部扭应力的一种特殊纱线。此类纱线的应用显著改善了织物的纬斜、螺旋纹等问题，并提升了面料的平整度和整体品质，因此深受市场欢迎。通过直接控制纺纱过程来实现低扭矩纱线的生产，不仅成本相对较低，还能有效避免纤维损伤，同时兼顾了单纱及合股纱的加工优势。在纺纱流程中，特别引入了假捻器等关键元件，有效提升加捻区域的纱线捻度，从而在不牺牲纱线可纺性的前提下，降低设计捻度，最终制得既低捻又低扭矩的高品质纱线。

表 2-8 为低扭矩纱与传统环锭纱捻系数对比；表 2-9 为低扭矩纱与传统环锭纱断裂强度对比；表 2-10 为低扭矩纱与传统环锭纱 100m 毛羽数对比。图 2-18（a）为传统环锭纱单纱表面光学显微镜照片，图 2-18（b）为低扭矩纱单纱表面光学显微镜照片；图 2-19（a）为传统环锭纱截面光学显微镜照片，图 2-19（b）为低扭矩纱截面光学显微镜照片。

表 2-8　低扭矩纱与传统环锭纱捻系数对比

类别	传统环锭纱	低扭矩纱
捻系数	83.9	54.7
CV 值/%	11.56	8.71

表 2-9　低扭矩纱与传统环锭纱断裂强度对比

类别	传统环锭纱	低扭矩纱
断裂强度/（cN/tex）	18.1	18.5
CV 值/%	9.8	7.1

表 2-10　低扭矩纱与传统环锭纱 100m 毛羽数对比

类别	传统环锭纱	低扭矩纱
毛羽数/根	2393	790
CV 值/%	16.3	5.6

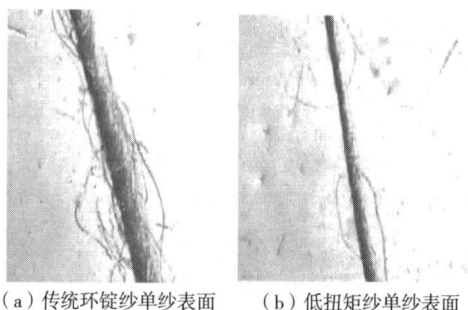

（a）传统环锭纱单纱表面　　（b）低扭矩纱单纱表面

图2-18　两种纱线表面光学显微镜照片

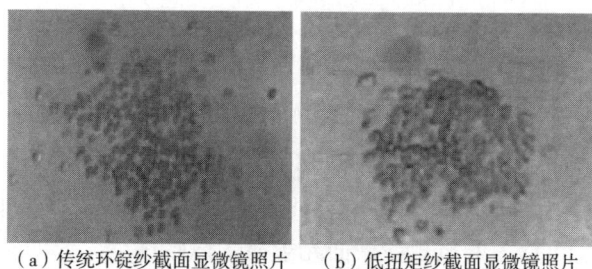

（a）传统环锭纱截面显微镜照片　　（b）低扭矩纱截面显微镜照片

图2-19　两种纱线截面光学显微镜照片

　　11.7tex 低扭矩纱线展现出其独特的性能优势，其捻系数仅为 54.7，相较于 15tex 传统环锭纱 83.9 的捻系数，降低了约 34.8%。尽管捻系数显著降低，低扭矩纱的断裂强度却提升至 18.5cN/tex，略高于传统环锭纱的 18.1cN/tex，这一强度增益约为 2%，凸显了低扭矩纱在不牺牲强度前提下的低捻优势。这一性能的提升主要归功于罗拉出口至导纱钩间假捻器的应用，它显著增强了纤维在前罗拉至假捻器区域的捻度与张力，促进了纤维间的有效转移与集聚。此外，低扭矩纱在毛羽控制方面同样具有优势，其每 100m 总毛羽数仅为 790根，相较于传统环锭纱的 2393 根，减少了约 67.9%。这一显著改善得益于假捻器对纺纱三角区长宽比的优化，使纤维更易紧密排列，减少了长毛羽（毛羽长度大于或等于 3mm）的生成。同时，在加捻退捻过程中，部分三角区产生的较长毛羽被有效包缠并部分嵌入纱体内部，进一步降低了最终产品的毛羽数。

　　利用光学显微镜可以清晰地观察到低扭矩纱线横截面上纤维的分布情况，如图 2-19 所示。低扭矩纱线的横截面上的纤维分布和排列较为均匀，而传统环锭纱的排列分布较为松散，相对没有低扭矩纱密集。还可以看出传统环锭纱线外部纤维分布较松散而纱线内部有变紧密的趋势，而低扭矩纱这种趋势并不明显，其外部和内部排列都较为紧密。这也能解释低扭矩纱比传统环锭纱结构更为紧密，强度更高、毛羽更少等特性。

低扭矩纱最显著的特性是其低捻度和较小的残余扭矩，这种新型技术纺制的纱线由于引入了假捻器装置，在纱线强力没有降低的前提下，可以纺制比传统环锭纱线的捻度更低、毛羽较少的纱线。从而揭示了低扭矩纱独特的特性，即低扭矩，低捻度，毛羽少，高强力。

2.4 本章小结

本章主要介绍了比较有特色的新型纺纱技术，包括紧密纺、柔洁纺和扭妥纺三种纺纱技术。并分析了这三种纺纱技术与环锭纺相比存在的缺陷和优势。

紧密纺纱技术是一种通过在环锭纺纱机的主牵伸区后增加纤维控制区，使纤维进一步平行、毛羽减少、纱条紧密的技术。它提高了纱线品质和性能，减少了废料产生，符合环保要求。紧密纺纱技术可分为气流集聚型和机械集聚型两大类。紧密纺纱线具有毛羽少、强力高等优点，已在多种原料如棉、毛、麻等生产中得到应用。但紧密纺存在设备投资大、纺纱接头效果差等问题。

柔顺光洁纺纱技术通过加热陶瓷柔化接触面降低纤维模量，使纤维更容易被捻入纱线主体中，减少毛羽、提高强力。柔顺光洁纺纱技术装备功能强大、精密耐用、小巧美观，运行能耗和成本较低，普适性强。柔顺光洁纺纱线与普通环锭纺纱线相比，毛羽明显改善，强力也有所提高，条干有所优化。

扭妥纺纱技术通过在传统环锭细纱机的前罗拉和导纱钩之间安装机械式假捻装置，改变了纤维在成纱中的排列，显著降低纱的残余扭矩。低扭矩纱线具有低捻度、低毛羽、高强力等优点。相同工艺条件下的低扭矩纱线与传统环锭纱相比，捻系数低 34.8%，断裂强度略有提高，毛羽总数减少约 67.9%。低扭矩纱线横截面上的纤维分布和排列较为均匀，结构更为紧密，强度更高、毛羽更少。

第3章

多重集聚式环锭光洁纺纱技术

3.1 多重集聚式环锭光洁纺纱技术的提出

通过分析现有的环锭纺纱纱线毛羽多的原因，研究现有的降低环锭纺纱线毛羽的新技术，分析现有新技术对于降低环锭纺纱线毛羽的利弊，并结合企业的实际需求，提出无能耗降低环锭纺纱线毛羽的新方法。

采用多重集聚的纺纱方法对加捻三角区和纺纱段的纱线毛羽进行握持，形成串联半开放式有序收紧集聚纤维的方法，量化式地对外层纤维精准控制、分层、有序、精准控制边缘纤维，所纺纱线的结构外紧内松且转移充分，从而达到提高纱线质量的目的。多重集聚纺降低了成纱毛羽、提高了纤维利用率，同时又保持了纱线整体柔性，避免紧密纺纱体内纤维排列整齐度过高而引起的刚度增加、手感发硬的问题。多重集聚纺在原理上与现有的气流式集聚纺和机械式集聚纺的原理不尽相同，将会在理论上丰富环锭纺纱中对纤维控制的机理和内涵，为环锭纺纱技术的改进提供新的思路和理论指导。在知识产权方面，多重集聚纺纱技术具有原创性的知识产权，将对我国自主设计开发无能耗集聚纺纱系统产生一定影响。在实现集聚作用的装置方面，多重集聚纺纱方法解决了现有气流式集聚纺存在的设备昂贵、能耗高、损耗大等缺点，符合纺纱生产中节能、环保、低成本的要求，具有较高的实用价值和经济效益。

3.2 动态沟槽集聚式环锭光洁纱线结构成形

纺纱是将散纤维通过一系列工序流程，使纤维形成纵向有序排列，并具有一定强度、外观等使用性能的线性集合体,而形成"线性集合体"的方式在人类文明的几千年中,大多采用加捻的方法,加捻抱合是纤维须条成纱的关键。在纺纱中要将排列整齐的纤维束凝聚加捻而成为纱,要求纺纱机构能对纤维进行良好的集聚和控制,否则极易由于纤维的排列紊乱、续断而形成毛羽、粗细节甚至断头,尤其在纺纱速度较高和纤维根数较少的情况下。纵观纺纱的发展历史,诸多工艺技术的提出和改进以及设备装置的发明和完善也都是围绕着这一要求而不断发展的。因此,有效稳定地使加捻中的纤维甚至使加捻前的纤维束进行良好的汇聚是提高纺纱效率和纱线品质的关键,也是纺纱领域中一个历久弥新的研究方向。本书提供一种无附加能耗的动态沟槽集聚的纺纱方法,使经过细纱机牵伸后被前罗拉输出的纤维束在加捻的同时形成紧密的集聚,从而在一定程度上改善环锭纺纱线质量。

3.2.1　成形机理

普通环锭纺纱时,除肉眼明显观测到的纺纱三角区外,还存在一段成纱区;该成纱区包括纺纱三角区,但又远大于纺纱三角区,该区域内纱条从脱离前罗拉钳口开始,捻度逐渐增加,纱线结构也对应地由松变紧。在环锭纺纱成纱区加装集聚纺纱装置,对纱条未完全成纱之前进行集聚处理,促使外露纤维头端重新捻入纱体,实现降低成纱毛羽的目的。传统环锭纺纱过程中,纤维头端离开前罗拉和前皮辊的握持后,呈自由状态,随着纺纱继续进行,自由外露纤维头端无法再次进行转移进入纱体,只能外露纱体表面形成毛羽。为防止这一部分毛羽产生,在主牵伸区内,靠近前罗拉和前皮辊组成的前啮合线加装预集聚装置缩窄从前钳口输出的须条宽度,减少呈自由状态的纤维根数,从而减少外露纤维头端改善纱线毛羽。

普通环锭纺纱过程中,纱管卷绕纱线时,带动钢丝圈绕钢领进行回转,对纱条进行加捻,捻度经导纱钩自下而上传递,对前罗拉输出的纤维须条进行加捻,使得须条内短纤维发生内外转移和相互抱合而形成连续的纱线,纤维在须条内发生内外张力转移作用,纤维张力转移机理是加捻三角区外部边缘纤维纺纱张力大,三角区内部纤维张力小,内外纤维会发生自调平衡,外部纤维向内转移,内部纤维向外转移。正是这种内外转移机制,导致部分纤维头端外露在纱体表面,形成毛羽。为防止这一部分毛羽产生,在纺纱加捻三角区处加装沟槽集聚,通过集聚沟槽重塑加捻三角区同时捕捉外露在纱体外的纤维末端，同时集聚沟槽对纤维内外转移过程中因内外张力不平衡时裸露在纱体表面的纤维头端提供自由卷绕握持作用力，从而使裸露的纤维头端重新被捻入纱体从而减少毛羽，如图3-1所示。

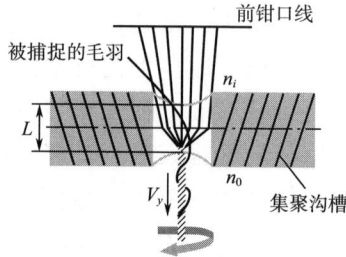

图 3-1　沟槽集聚减少毛羽示意图

L——槽型辊最低端截面直径　V_y——成纱速度

n_0——集聚后的游离毛羽数　n_i——集聚前的游离毛羽数

对须条进入集聚沟槽后的纱线进行受力分析如图3-2所示，纱线进入沟槽后首先接触集聚沟槽两边缘的 A 点，纱线与沟槽两边缘接触，纱线毛羽与集聚槽之间开始有作用力 F_1，纱线再与集聚槽底部接触，接触 B 点，纱线毛羽与集聚槽底部接触作用力为 F_2，纱线毛羽离开集聚槽底部 C 点再次与集聚槽侧面接触作用力为 F_3，再离开集聚槽。

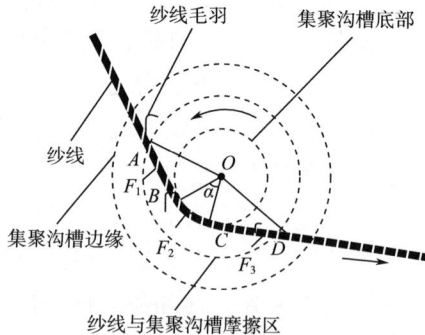

图 3-2　须条进入集聚沟槽后纱线毛羽的受力情况

3.2.1.1　静态集聚沟槽中纱线受力分析

当集聚沟槽为静态时，F 表示纱线在集聚沟槽中的总摩擦力，纱线与集聚沟槽的接触摩擦为两对称斜面，r_1 为 OB、OC 的长度，r_2 为 OA、OD 的长度，对集聚沟槽中的纱线受力情况进行分析，对 AB 段纱线所在区域称为第一摩擦区，BC 段所在区域为第二摩擦区，CD 段所在区域为第三摩擦区。

纱线在集聚沟槽第一摩擦区中［图 3-3（a）］，沿纱线前进的方向与集聚沟槽侧面有摩擦作用力 F_{1sh}，由于纱线在加捻旋转，纱线与沟槽的两侧面有摩擦作用，摩擦作用力为 F_{1sv}，在第一摩擦区中纱线与沟槽单侧摩擦为 F_{1s}，可得出式（3-1）：

$$F_{1s}^2 = F_{1sh}^2 + F_{1sv}^2 \qquad (3-1)$$

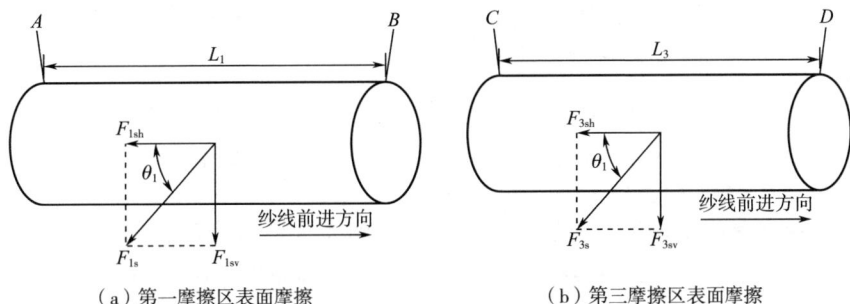

（a）第一摩擦区表面摩擦　　　　　　（b）第三摩擦区表面摩擦

图 3-3　纱线主干与沟槽两个表面摩擦的示意图

N_0 表示纱线在槽子底部单位长度的正压力，L_1 代表第一摩擦区摩擦段的长度，μ_1 是纱线与集聚沟槽侧面的滑动摩擦系数，可得出式（3-2）：

$$\begin{cases} F_{1sv} = \mu_1 N_0 L_1 \\ F_{1sh} = \mu_1 N_0 L_1 \\ L_1^2 = r_2^2 - r_1^2 \end{cases} \qquad (3-2)$$

由式（3-1）和式（3-2）得：

$$F_{1s} = \sqrt{2(r_2^2 - r_1^2)}\,\mu_1 N_0 \qquad (3-3)$$

须条在集聚沟槽中是与沟槽的两个面接触，两个表面对纤维链产生摩擦，此摩擦力 F_{1S} 等于 $2F_{1s}$：

$$F_{1S} = 2F_{1s} = 2\sqrt{2(r_2^2 - r_1^2)}\,\mu_1 N_0 \qquad (3-4)$$

同理可得，在 CD 段第三摩擦区，对应位置表面对纤维链产生的摩擦力为 F_{3S}，纱线的受力情况如图 3-3（b）所示，可得出式（3-5）：

$$F_{3S} = 2\sqrt{2(r_2^2 - r_1^2)}\,\mu_1 N_0 \qquad (3-5)$$

然而，纱线在集聚沟槽中第一、三摩擦区与第二摩擦区中的受力情况不同，纱线在第二摩擦区中时，纱线与集聚沟槽底部形成包围弧，纱线不仅与集聚沟槽两个表面之间有摩擦作用，如图3-4（a）所示，还与集聚沟槽底部有摩擦力作用，如图3-4（b）所示。

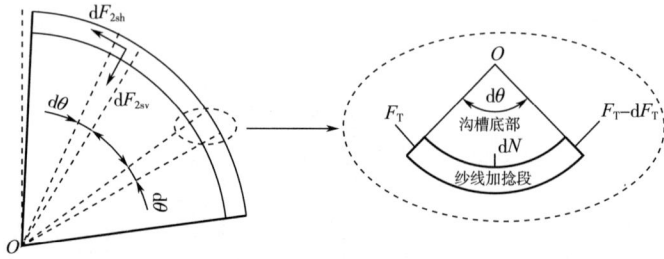

（a）纱线与沟槽的两个表面之间的摩擦力分析　　（b）纱线与沟槽底部的摩擦力分析

图3-4　纱线在集聚沟槽第二摩擦区中的力学分析

纱线在集聚沟槽第二摩擦区中的模型如图3-4（a）所示，单位长度圆弧对应的圆心角为 θ，沿纱线前进方向与集聚沟槽侧面有摩擦作用力 F_{2sh}，由于纱线在加捻旋转，纱线与沟槽的两侧面有摩擦作用，摩擦作用力为 F_{2sv}，可得出式（3-6）：

$$\begin{cases} \mathrm{d}F_{2sv} = \mu_1 N_0 \dfrac{r_1 + r_2}{2}\mathrm{d}\theta \\ \mathrm{d}F_{2sh} = \mu_1 N_0 \dfrac{r_1 + r_2}{2}\mathrm{d}\theta \end{cases} \tag{3-6}$$

在第二摩擦区中纱线与沟槽单侧摩擦为 F_{2s}，F_{2S} 为纱线在沟槽中与沟槽侧面总的摩擦力，可得式（3-7）：

$$\begin{cases} F_{2s} = \sqrt{F_{2sv}^2 + F_{2sh}^2} \\ F_{2S} = 2F_{2s} \end{cases} \tag{3-7}$$

由式（3-6）、式（3-7）可得式（3-8）：

$$F_{2S} = \sqrt{2}\mu_1 \alpha N_0 (r_1 + r_2) \tag{3-8}$$

在环锭纺纱中，纺纱张力从导纱钩到前钳口逐渐减小，纺纱张力的变化对纱线在集聚沟槽底部的正压力有影响，为计算压力的变化对摩擦力的影响，建立几何模型如图3-4（b）所示，其中 F_T 和 $F_T - \mathrm{d}F_T$ 为在第二摩擦区中的微单元 $\mathrm{d}\theta$ 对应的无穷小段纱条加捻段，可以推导出纱条在加捻旋转过程中产生的无穷小的径向压力 $\mathrm{d}N$。

$$\mathrm{d}N = F_\mathrm{T}\sin\left(\frac{\mathrm{d}\theta}{2}\right) + (F_\mathrm{T} - \mathrm{d}F_\mathrm{T})\sin\left(\frac{\mathrm{d}\theta}{2}\right) \approx F_\mathrm{T}\mathrm{d}\theta \qquad (3-9)$$

根据欧拉公式可得以下数学关系：

$$\begin{cases} F_\mathrm{T} = F_0\mathrm{e}^{-\mu\theta} \\ N = \int_0^\alpha F_\mathrm{T}\mathrm{d}\theta = F_\mathrm{T}\alpha \\ F_{2\mathrm{B}} = \mu N \end{cases} \qquad (3-10)$$

式中：F_0 为 D 点的初始纺纱张力；μ 为纱体与槽底的滑动摩擦系数；θ 为与 F_T 对应的弧度；α 为 OB 和 OC 之间的夹角。联立这两个公式组可得第二摩擦区的径向压力 $F_{2\mathrm{B}}$ 为：

$$F_{2\mathrm{B}} = F_0(1 - \mathrm{e}^{-\mu\alpha}) \qquad (3-11)$$

总摩擦力 F 包括第一、第二和第三摩擦区的摩擦力之和，由式（3-4）、式（3-5）、式（3-8）、式（3-11）得出式（3-12）。

$$F = F_{1\mathrm{S}} + F_{2\mathrm{S}} + F_{3\mathrm{S}} = \sqrt{2}\mu_1 N_0\left[4\sqrt{r_2^2 - r_1^2} + \alpha(r_1 + r_2)\right] + F_0(1 - \mathrm{e}^{-\mu\alpha}) \qquad (3-12)$$

3.2.1.2　动态集聚沟槽中纱线受力分析

当集聚沟槽为动态时，相比较纱线在静态集聚沟槽中的模型，纱线在动态集聚沟槽中的摩擦仍然可以分为三个摩擦区域，最大的变化即是纱线与集聚沟槽两侧面的摩擦由滑动摩擦变为滚动摩擦，从而形成新纱线与集聚沟槽的滚动摩擦系数 μ_2，而纱线与集聚沟槽底部的摩擦系数也有变化，纱线与集聚沟槽底部的滚动摩擦系数为 μ'，$F_{1\mathrm{rv}}$ 表示纱线在动态集聚沟槽中第一摩擦区的滑动摩擦，$F_{1\mathrm{rh}}$ 是纱线在动态集聚沟槽中第一摩擦区的滚动摩擦，$F_{1\mathrm{r}}$ 表示 $F_{1\mathrm{rv}}$ 和 $F_{1\mathrm{rh}}$ 的合力，$F_{1\mathrm{R}}$ 表示纱线在动态集聚沟槽中第一摩擦区的总摩擦力，根据式（3-1）、式（3-2）、式（3-4）类似的可得出纱线在动态集聚槽中第一摩擦区的受力情况见式（3-13）。

$$F_{1\mathrm{R}} = 2N_0\sqrt{(r_2^2 - r_1^2)(\mu_1^2 + \mu_2^2)} \qquad (3-13)$$

同样，$F_{2\mathrm{R}}$ 和 $F_{3\mathrm{R}}$ 表示纱线在集聚沟槽第二摩擦区和第三摩擦区中与两壁表面的摩擦力，可得到式（3-14）、式（3-15）。

$$F_{2\mathrm{R}} = \alpha N_0(r_1 + r_2)\sqrt{\mu_1^2 + \mu_2^2} \qquad (3-14)$$

$$F_{3\mathrm{R}} = 2N_0\sqrt{(r_2^2 - r_1^2)(\mu_1^2 + \mu_2^2)} \qquad (3-15)$$

纱线在集聚沟槽第二摩擦区与沟槽底部的摩擦力 $F'_{2\mathrm{B}}$ 为：

$$F'_{2B} = F_0(1 - e^{-\mu'\alpha}) \tag{3-16}$$

由式（3-13）～式（3-16）得出纱线在动态集聚沟槽中所受摩擦力 F' 为：

$$F' = N_0\sqrt{\mu_1^2 + \mu_2^2}\left[4\sqrt{r_2^2 - r_1^2} + \alpha(r_1 + r_2)\right] + F_0(1 - e^{-\mu'\alpha}) \tag{3-17}$$

3.2.1.3 纱线在静态和动态集聚沟槽中的对比分析

对比式（3-12）和式（3-17）可得出静态集聚沟槽和动态集聚沟槽对纱线的摩擦力大小的差值 ΔF：

$$\Delta F = F - F' = \sqrt{2}\mu_1 N_0\left(1 - \sqrt{\frac{1 + \left(\frac{\mu_2}{\mu_1}\right)^2}{2}}\right)\left[4\sqrt{r_2^2 - r_1^2} + \alpha(r_1 + r_2)\right] + F_0 e^{-\mu'\alpha}\left[1 - e^{(\mu'-\mu)\alpha}\right]$$

$$\tag{3-18}$$

由于滑动摩擦系数要远大于滚动摩擦系数，$\mu > \mu'$，$\mu_1 > \mu_2$，得出：

$$\Delta F > 0 \tag{3-19}$$

纱线在聚集沟槽中加捻旋转时，纱线与沟槽两壁的摩擦作用会使外露在纱体表面的毛羽重新捻入纱体，摩擦力越大，外露在纱体的毛羽被重新捻入纱体的概率越高，纱线毛羽的减少与纱线成形区所受摩擦作用成正相关。

动态沟槽集聚和静态沟槽集聚的对比如图 3-5 所示。式（3-12）和式（3-17）表明，静态和动态的集聚沟槽的两壁都能产生一定程度垂直于纱线前进方向的摩擦力，以减少纱线毛羽。然而，在式（3-19）中，静态集聚

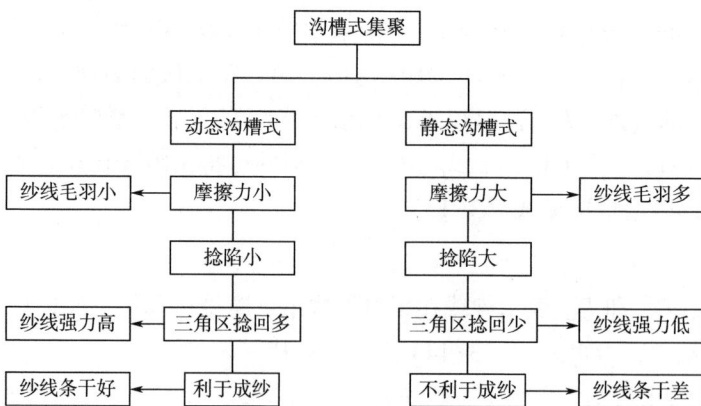

图 3-5 动态沟槽集聚和静态沟槽集聚对比图

沟槽对纱线的摩擦力大于动态，静态集聚沟槽对纱线的毛羽降幅要比动态的集聚沟槽要大，另外，因为摩擦作用会影响捻度的传递，相对较高的摩擦可能会使纱线的条干和断裂伸长恶化。集聚沟槽为动态时，纱线毛羽所受到的摩擦力要小，但是由于纱线在前进过程中受到摩擦阻力后形成捻阻，对条干和强力有影响，尤其使纱线条干恶化。为减小集聚沟槽对纱线条干的影响，集聚沟槽可采用旋转轮式。

3.2.2　实验方法

为验证上述动态沟槽集聚式环锭光洁纱线成形机理，通过以下实验进行验证。

3.2.2.1　实验方案

实验要在标准纺纱车间进行，要求细纱机车台生产质量稳定且锭间差异小，选取六锭一节罗拉，在同锭同粗纱，同时要求纱管一致，所纺纱型均为中纱状态下，进行三组对照组实验。

第一组：环锭纺原纱。

第二组：在纺纱段加装静态沟槽的纱线。

第三组：在纺纱段加装动态沟槽的纱线。

每组均在六个锭子上进行实验，取六锭管纱作为实验样品，对所有样品分组进行毛羽、条干、强力标准化测试，然后对比实验结果得出结论。

3.2.2.2　实验装置搭建

动态集聚沟槽或静态集聚沟槽都是安装在纺纱段尽可能靠近成纱三角区位置，集聚沟槽需与预集聚装置协同使用稳定输出的须条宽度和进入集聚沟槽纤维的根数，预集聚装置选用整纤器或集棉器［图 3-6（a）］固定在上销或摇架上。其中集棉器的工作原理是：将集棉器加装在细纱主牵伸区的浮游区，开口朝向前钳口，由于前部弧面和底部弧面分别受到皮辊向下和前罗拉向前的摩擦力作用，集棉器会稳定停留在前罗拉浮游区。当须条从集棉器底部通道经过时，集棉器会收缩须条的宽度，使进入前钳口的须条变得更窄，因此纺纱三角区的底边宽度也随之减小，同时须条内的纤维也变得更加紧密，纤维能更有效地进行加捻，纱线的质量也得以提高，图 3-6（b）为集棉器底部通道实物图。不同的纱支最佳的集棉器开口是不一样的，且集棉器对成纱影响很大。

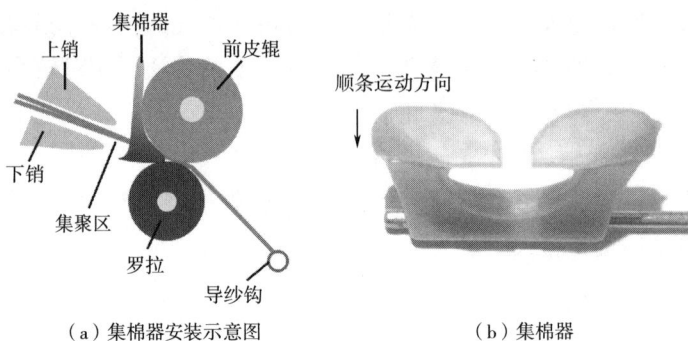

（a）集棉器安装示意图　　　　　（b）集棉器

图 3-6　预集聚装置

动态槽式集聚装置使用旋转集聚沟槽轮，集聚沟槽轮装置包括集聚沟槽轮、定位轮、支撑轴、固定支架等装置。

图 3-7 为动态集聚沟槽图，其中图 3-7（b）为动态集聚沟槽装置的实物图，对纱线起作用的主要是集聚沟槽轮上的集聚沟槽，集聚沟槽的形态需与集合器形态相匹配，因须条经过集合器集合通过前钳口后，被加捻须条宽度逐渐缩窄，如果集聚沟槽对纱线起作用，集聚沟槽必须与变窄的加捻须条有接触形成摩擦才会对纱线起作用，集聚沟槽与集合器的开口大小相匹配为 1∶4 配置，即集棉器的开口为 2.0mm，静态集聚沟槽的宽度为 0.5mm。集聚沟槽对纱线质量的影响很大，本实验动态集聚沟槽选取 V 形槽，如图 3-8 所示。

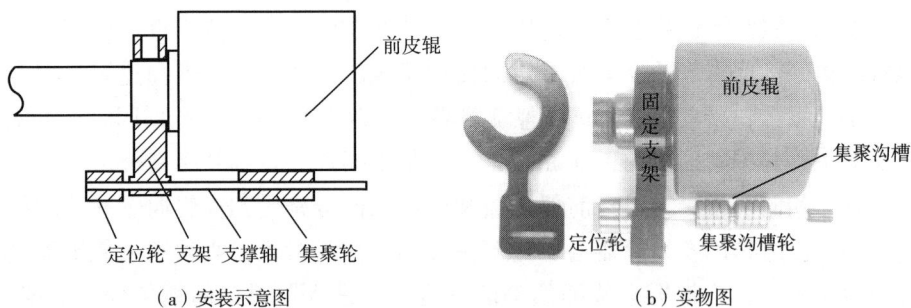

（a）安装示意图　　　　　（b）实物图

图 3-7　动态集聚沟槽装置

集聚沟槽轮选用铜质旋转轮，主要原因是聚四氟乙烯、尼龙等材质旋转轮集聚沟槽轮在支撑轴上旋转不顺畅，选用铝质旋转轮会染黑纱线，综合考

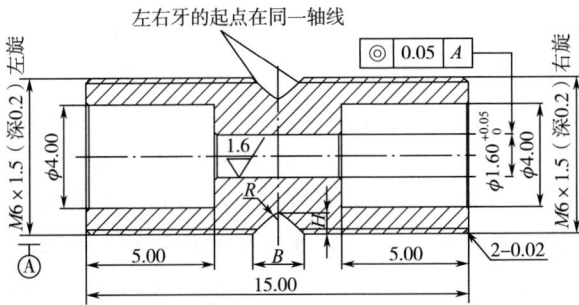

图 3-8　动态集聚沟槽加工图（单位：mm）

A—槽辊中轴直径　*B*—开槽左右牙间距　*R*—开槽角度　*H*—开槽深度　*M*—槽辊最大直径

虑黄铜的加工工艺和价格选取铜质旋转轮为实验材料；旋转轮直径定为 6mm，主要原因是旋转轮直径小于 6mm 时前钳口输出的须条容易缠绕到集聚沟槽轮上造成断头，而大于 6mm 时前钳口输出的须条不缠绕集聚沟槽轮，但三角区加捻点不在集聚沟槽内，集聚沟槽不能对纺纱加捻三角区的边缘须条起作用，所以旋转轮直径确定为 6mm；集聚沟槽轮的长度确定为 15mm，这与牵伸过程中粗纱的动程有关，同时考虑到细纱断头后接头的可操作性，为了延长皮辊的使用寿命，通常要求粗纱有 10mm 左右的动程，因此集聚沟槽轮的总长度应该大于 10mm，另外细纱前皮辊的宽度为 30mm，集聚沟槽轮在运行过程中还要进行左右横动，因此集聚沟槽轮的总长度设计为 15mm，这既能满足接头的要求，也不会因为集聚沟槽轮过长在左右横动时卡住，图 3-8 为集聚沟槽轮剖面示意图。集聚沟槽轮在中间位置开有集聚沟槽，在集聚沟槽左右两边，集聚沟槽轮表面还有深度很浅的导纱槽，导纱槽沿集聚沟槽轮的圆周表面呈螺旋形分布，它分为左旋和右旋两种，以集聚沟槽为对称轴呈对称分布。集聚沟槽轮中心为通孔，为减轻集聚沟槽轮重量，集聚沟槽轮两端均掏空，集聚沟槽轮套装在硬度很高的圆柱形支撑轴上，集聚沟槽轮可绕支撑轴旋转。导纱槽的螺旋线起始位置在集聚沟槽轮的圆柱边缘，终点在集聚沟槽与圆柱表面相交的位置。采用双向螺旋式导槽螺纹，解决了纱线无法自主进入集聚沟槽的问题，最佳工艺参数为：深度为 0.2mm，螺纹距为 1.5mm，螺纹与集聚沟槽的接触部分间隔 0.05mm。固定支架主要作用是固定支撑轴，其一端为圆弧形卡子形状，工作时紧密地卡在前皮辊轴上，另一端有一圆形小孔，作用是为支撑轴固定在支架上，为了使卡子紧密地卡在前皮辊轴上，卡子的内圆弧直径应当略小于前皮辊轴的直径，但是其直径也不能过小，否则卡子无法固定到前皮辊轴之上。

从图 3-9 中可以看出，前皮辊中心线与支撑轴中心线的直线距离即为集聚沟槽轮距离前罗拉钳口的距离，该距离的大小直接决定了集聚沟槽轮的集聚沟槽与加捻三角区之间的位置关系，这也是影响集聚纺纱品质的重要参数。随着支架长度的增加，集聚沟槽距离前钳口的距离影响集聚效果，这是因为支架越长，形成的三角区越大，对纤维的控制也越小，纱线内外转移不够充分，成纱的纤维之间的抱合力较小。另外，支架越长导致捻阻越大，导致易断头，大纱时段断头更加频繁，不利于纤维内外转移，相互抱合。所以，在减少毛羽的同时，也要兼顾支架的长度不宜过大，在 14.6tex 精梳棉上，支架采用 18mm 中心距支架，2.0mm 开口的集合器与集聚沟槽轮组合为最佳组合。定位轮设定为 7.2mm，原因是前罗拉表面有利于牵伸的斜纹，斜纹凸出罗拉光滑面 1mm，定位轮贴在罗拉光滑面的半径为 3.6mm，使集聚沟槽轮表面与罗拉斜纹表面的距离在 0.1mm 以内，更有利于集聚沟槽对纺纱三角区边缘纤维进行集聚。

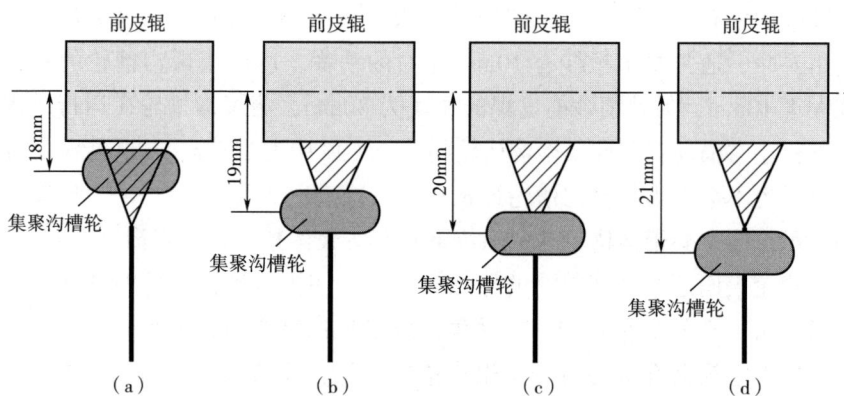

图 3-9　集聚沟槽轮距离前皮辊远近不同的纺纱方案

为形成对照试验，静态集聚沟槽装置的安装位置和集聚沟槽形态需与动态集聚沟槽一致，只是要使动态集聚沟槽不转动，需要在动态集聚沟槽的基础上固定住集聚沟槽轮，增加集聚沟槽轮与支撑轴的摩擦阻力即阻止集聚沟槽的旋转，从而形成静态集聚沟槽与动态集聚沟槽的对照试验组，单一变量为集聚沟槽是否在旋转。

3.2.2.3　实验原料参数设置

采用动态沟槽集聚式纺纱装置，在安徽华茂集团六分厂马佐里 DTM139 细纱机上进行纯棉 14.6tex 动态沟槽集聚式纺纱对照实验，DTM139 牵伸机构截面图如图 3-10 所示。

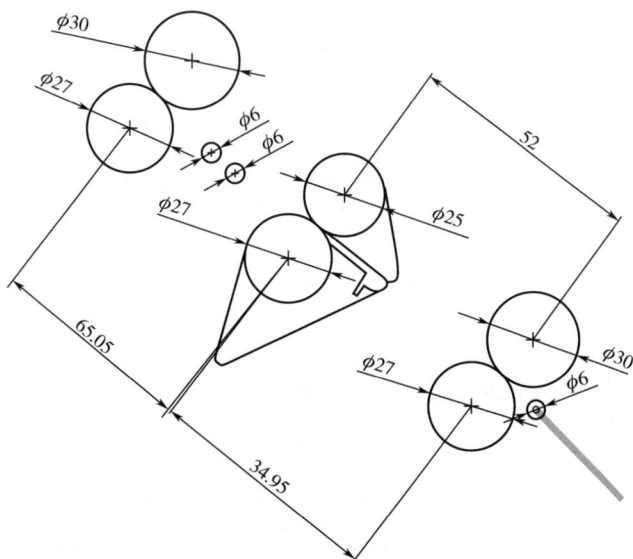

图 3-10　马佐里 DTM139 牵伸机构截面图（单位：mm）

实验原料选取半精梳 718tex 粗纱，配棉及混棉情况见表 3-1。

本实验选取高端新疆棉配棉纺制高端针织纱，棉纤维手扯长度为 29.79mm，长度整齐度为 84.0，可根据客户要求纺制 7.4~18.5tex（32~80 英支）纯棉纱线，与工厂提供的实验机台纺制的 14.6tex（40 英支）纯棉纱进行对照试验。

根据所纺 14.6tex（40 英支）纯棉纱线在细纱牵伸区的集合器开口大小为 2.0mm，加工集聚沟槽的宽度为 0.5mm，使用前皮辊前倾测量工具测量细纱机前皮辊前倾量，计算出纱线与集聚沟槽底部的包围弧和须条与前罗拉的包围弧，在计算机辅助设计（CAD）绘图软件上画出细纱机截面图，再对比安装集聚沟槽后，纱线与集聚沟槽底部的包围弧和须条与前罗拉包围弧的变化情况如图 3-11 和图 3-12 所示。

表 3-1　配棉成分表

物料名称	产地	批号	品级长度		回潮率/%	含杂率/%	HVI 测试					
			品级	手扯长度			纺纱一致性指数	马克隆值	马克隆值CV/%	成熟度指数	右上半部平均长度/mm	长度整齐度
细绒棉-S3	新疆兵团	F186133335	3.00	29.80	6.36	2.14	137	4.55	1.0	0.86	29.81	83.2
细绒棉-S3	新疆兵团	F186141137	3.00	29.80	6.52	2.52	151	4.42	2.0	0.89	29.85	84.7
细绒棉-S3	新疆兵团	F188211552	3.00	29.60	6.89	2.42	146	4.58	2.0	0.89	29.73	84.6
细绒棉-S3	新疆兵团	F188321550	3.00	29.80	6.16	1.91	145	4.60	2.3	0.89	29.97	84.3
细绒棉-S3	新疆天鹰	F18XL01215	3.00	29.70	6.45	2.50	139	4.64	2.0	0.90	29.84	83.5
细绒棉-S3	新疆兵团	G188481738	3.00	29.40	6.12	1.74	143	4.55	4.6	0.89	29.40	84.1
细绒棉-S3	新疆兵团	F186132236	3.00	30.10	6.03	2.28	151	4.49	1.8	0.89	29.98	84.7
细绒棉-S3	新疆兵团	F186142018	3.00	30.00	6.33	2.02	149	4.32	1.0	0.88	30.15	84.0
细绒棉-S4	新疆玛纳	F18FZ01020	3.50	29.80	6.47	2.98	143	4.58	2.7	0.89	29.90	84.1
细绒棉-S4	新疆兵团	G181081107	3.50	29.50	5.82	2.56	138	4.34	2.0	0.88	29.66	83.0
细绒棉-S4	新疆天鹰	F18XL01009	4.00	30.20	8.18	3.02	139	4.73	2.0	0.90	30.24	83.4
粗纱头 A												
吸风花 A												
SJ18.2（BW）												
SJ18.2（BW）												
加权平均值			3.18	29.79	6.39	2.37	144	4.53	2.2	0.89	29.87	84.0
CV/%			10.10	0.80	9.50	16.40	3	2.70	42.6	1.10	0.70	0.7

注　F188444552 批兵团 3129 1 包完，按 F188321550 批兵团 3129 1 包，1-26。

续表

HVI 测试											含糖程度	采收方式	混用包数	包重/kg
12.7mm及以下短绒率	16.5mm及以下短绒率	强度/(g/tex)	伸长率/%	亮度	黄度	黄度CV/%	CGI	棉结/(粒/g)	杂质粒数/(粒/窗口)	杂质面积/%				
7.3	10.5	30.7	6.9	80.1	7.7	2.0		234	37	0.31	1	机采棉	1	227
7.3	10.8	31.2	4.3	81.2	7.4	2.1		237	38	0.14	3	机采棉	1	227
7.3	10.8	30.7	4.2	78.0	8.3	4.3	31−1	196	43	0.24	2	机采棉	1	227
7.7	11.2	30.5	4.1	79.9	8.1	3.8		266	36	0.18	2	机采棉	1	227
7.3	10.8	30.9	4.3	78.9	7.9	2.4	31−1	230	91	0.91	2	机采棉	1	227
7.6	11.1	30.7	4.3	78.9	8.1	2.8		230	41	0.16	2	机采棉	1	227
7.4	10.9	31.3	4.3	81.0	7.5	2.9		247	36	0.12	2	机采棉	1	227
7.3	10.8	31.1	4.2	80.4	8.4	2.2		296	38	0.13	1	机采棉	1	227
7.6	11.1	30.5	4.4	78.2	7.7	3.4		243	51	0.29	1	机采棉	1	227
7.5	11.0	30.7	4.1	78.1	7.7	3.2	31−2	242	77	1.01	1	机采棉	1	227
7.6	11.1	31.6	4.3	75.9	8.2	3.0	31−2	264	145	1.56	1	机采棉	1	227
													1	5
													1	10
													1	30
													1	20
7.4	10.9	30.9	4.5	79.1	79	2.9		244	58	0.46				
2.0	1.7	1.1	17.1	1.9	4.0	24.0		10	57	#####				

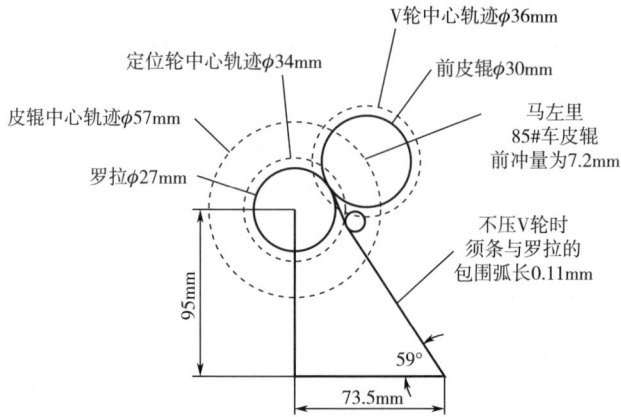

图 3-11　加装集聚沟槽前纱线与前罗拉包围弧长示意图

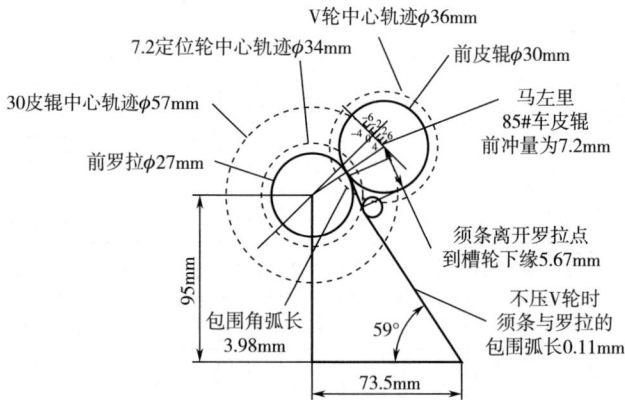

图 3-12　加装集聚沟槽后纱线与集聚沟槽底部及前罗拉包围弧长示意图

由图 3-11 可得，在不加装集聚沟槽时纱线与前罗拉包围弧长为 0.11mm，纱线与罗拉包围弧长度越长，纺纱三角区长度越长。

如图 3-12 所示，加装集聚沟槽轮后，须条从前钳口输出后被集聚沟槽轮下压至定位轮与罗拉光滑段接触，须条从前钳口输出后与前罗拉的包围弧增加 3.98mm，纺纱加捻三角区的长度随之增加，而须条从前罗拉包围弧离开前罗拉到进入集聚沟槽的距离为 5.67mm，这一段距离小于纤维手扯长度即可减少纺纱断头，同时增加集聚沟槽对纺纱三角区边缘纤维的控制，使须条在集聚沟槽中重新构筑新的纺纱三角区成为可能。具体的纺纱实验工艺参数见表 3-2。

表 3-2　纺纱实验工艺参数

项目	参数	项目	参数
细纱机型号	马佐里 DTM139	锭速	15130r/min
粗纱细度	718tex	捻系数	358
细纱细度	14.6tex	钢丝圈型号	HYSS17/0
前罗拉前冲量	7.2mm	钢领型号	PG1/2385
前罗拉线速度	16.2m/min	隔距块	2.5mm
后牵伸倍数	1.356	集合器开口大小	2.0mm
主牵伸倍数	42.378	温湿度	30℃ 57%
总机械牵伸倍数	57.222		

3.2.2.4　动态沟槽集聚式环锭光洁纱线结构与性能测试

对纱线的结构表征采用光学显微镜进行拍摄分析，使用安东星 V160 便携式 USB 高清数码显微镜对纱线进行拍摄，观察纱线表面的形貌。

纱线质量的综合评估涵盖了三大核心检测领域：均匀度、毛羽状况及拉伸特性。本研究聚焦于条干均匀度、毛羽指数（≥3mm）、断裂强度及断裂伸长率四项关键指标，以全面反映纱线的综合性能。所有待测样本均需在严格控制的环境条件下［即标准实验室，设定温度为（20±2）℃，相对湿度（65±2）%］，静置至少 24h，以确保测试结果的准确性和可重复性。随后，针对三类纱线样本进行差异化测试：第一组为未经特殊处理的环锭纺原纱；第二组为在纺纱过程中引入了静态沟槽技术的纱线；第三组为采用动态沟槽技术纺制的纱线。测试内容覆盖前述四项关键指标，具体方法如下。

（1）条干均匀度

通过条干均匀度测试仪，测量纱线直径的变异情况，以条干值（或 CV 值）表示，该指标直接关联到纱线的整体均匀性和后续加工性能。

（2）毛羽指数（≥3mm）

采用专业仪器，依据既定标准对纱线表面 3mm 及以上的毛羽数量进行量化评估，以反映纱线的光洁度。

（3）断裂强度和断裂伸长率

利用拉伸试验机，对纱线施加逐渐增大的拉力直至断裂，记录断裂时的最大载荷（即断裂强度）及断裂前纱线的伸长量（即断裂伸长），以评估纱线的抗拉伸能力和延伸性能。

以上测试方法确保了纱线质量评估的全面性、科学性和可比性。测试各指标所采用的方法如下。

（1）纱线条干均匀度的测量

纱线条干均匀度采用 USTER4-SX 条干均匀度测试仪测试，测试速度为 400m/min，USTER4-SX 条干均匀度测试时间为 1min。

（2）纱线毛羽的测量

纱线毛羽的测量采用 YG172A 型毛羽测试仪来测量纱线的毛羽指数，对单位长度纱线的不同长度毛羽的根数进行计数，长度为大于或等于 3mm 的毛羽数为主要衡量指标，测试速度为 30m/min，片段长度为 10m，每个样品连续测试 10 次后得到平均结果。

（3）纱线拉伸性能的测量

纱线拉伸性能测试采用 YG029GK 自动单纱张力测试仪对三组样本进行测试，测量单纱的断裂强度和断裂伸长率，拉伸间距为 500mm，预加张力 0.5cN/tex，间隔 1m 取样，采用等速伸长（CRE）的方式，拉伸速度为 500mm/min，每个样品测试 10 次计算平均值。

3.2.3 结果与分析

在普通环锭纺纱机上进行改造，在纺纱段前钳口处加装集聚沟槽装置，对比动态集聚沟槽和动态集聚沟槽对成纱性能的影响，实验结果和分析如下。

3.2.3.1 光洁结构结果与分析

将所纺制的三组纱线分别取样制作样本进行数码显微镜拍摄，所拍纱线结构如图 3-13 所示。

对比图 3-13（a）~（c），可看出普通环锭纺纱线毛羽最散乱，伸出纱线主干的纤维根数较多较杂乱，动态沟槽和静态沟槽所纺纱线电镜图外表相差无异，对比普通环锭纺原纱伸出纱体的纤维根数有减少。

3.2.3.2 毛羽性能结果与分析

纱线毛羽测试结果见表 3-3，表中结果显示，动态集聚沟槽和静态集聚沟槽均能减少纱线毛羽。

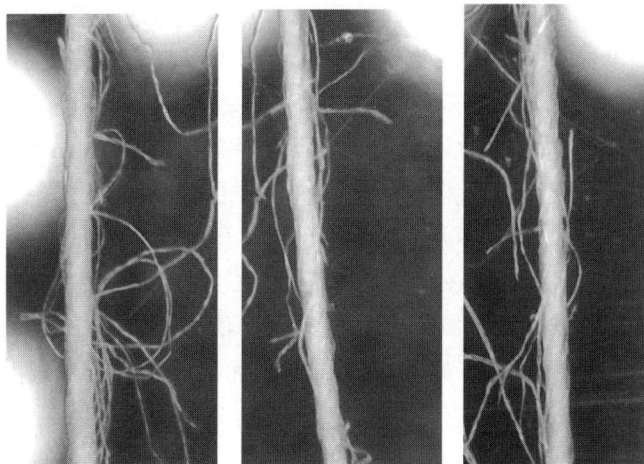

（a）普通环锭纺纱线 （b）静态沟槽所纺纱线 （c）动态沟槽所纺纱线

图 3-13 不同纺纱形式所纺纱线显微对比图

表 3-3 集聚沟槽轮转动和不转动对 14.6tex（40 英支）棉纱毛羽数的影响

项目	原纱	动态集聚沟槽	静态集聚沟槽
1mm 毛羽数/根	1011.0	765.0	827.0
2mm 毛羽数/根	158.0	100.0	123.0
3mm 毛羽数/根	31.5	21.0	25.0
4mm 毛羽数/根	10.1	6.4	8.4
5mm 毛羽数/根	4.7	2.9	3.4
6mm 毛羽数/根	2.5	1.6	1.9
7mm 毛羽数/根	1.5	1.1	1.0
8mm 毛羽数/根	0.8	0.6	0.5
9mm 毛羽数/根	0.4	0.4	0.2
≥3mm 毛羽数/根	51.5	34.0	40.4
总毛羽数/根	1220.5	899	990.4

　　理论上集聚沟槽相同，对纱线毛羽的束缚作用一致，毛羽降低幅度应该相差不大，但是动态集聚降低 3mm 毛羽 33.3%，而静态集聚沟槽降低 3mm 毛羽 20.6%，主要原因在于动态集聚沟槽随着纱线前进的方向与纱线同步运动，对纱线摩擦小，因摩擦作用增加的毛羽就少；而静态集聚沟槽对纱线是硬磨，

大大增加了纱线毛羽量，但是纱线毛羽增加的部分还是少于集聚沟槽对纱线集聚而降低毛羽的部分，所以静态集聚沟槽仍可以降低纱线毛羽20.6%。动态集聚沟槽对纱线总毛羽数降幅为26.3%，静态集聚沟槽对纱线总毛羽数降幅为18.9%，动静沟槽对纱线总毛羽数降幅差距要小于3mm毛羽的降幅差距，主要原因在于集聚沟槽主要减少了纱线长毛羽，对纱线短毛羽（毛羽长度小于或等于3mm）降幅不大，短毛羽的减少的原因主要是长毛羽在重新加捻卷绕到纱线主干的同时将短毛羽包缠贴服在纱线主干上，而有害毛羽主要是长毛羽，所以在纺纱加捻三角区加装集聚沟槽有利于减少纱线长毛羽保留短毛羽；动态集聚要比静态集聚对纱线更有优势，对减少纱线毛羽更有利，与理论分析相符合。

3.2.3.3 条干均匀度结果与分析

条干均匀度测试结果见表3-4，对于14.6tex（40英支）的棉纱，当集聚沟槽轮不转动时，纱线条干恶化，且细节、粗节、棉结均有所升高。因此，只有采用集聚沟槽轮与纱线同步转动时，才能在集聚纺纱的同时不降低纱线的条干均匀度，这也是动态集聚沟槽的一大特点——同步集聚。

表3-4　集聚沟槽轮转动和不转动对14.6tex（40英支）棉纱条干均匀度的影响

项目	普通环锭纺原纱	动态集聚沟槽轮	静态集聚沟槽轮
平均条干CV值/%	11.50	11.46	11.90
细节-40%/（个/km）	16	11.0	11.0
细节-50%/（个/km）	0	0	0
粗节+35%/（个/km）	190	145.0	156.8
粗节+50%/（个/km）	12	10.8	13.0
棉结+140%/（个/km）	133	116.0	159.8
棉结+200%/（个/km）	32	24.5	42.8

集聚沟槽轮是否旋转纱线条干对比见表3-4，原纱平均条干CV值为11.50%，而旋转集聚沟槽轮平均条干CV值为11.46，旋转槽轮可改善纱线条干，主要原因是纱线在径向受力较小且旋转轮在集聚纺纱三角区边缘纤维的同时对纱线主干影响小，旋转集聚沟槽与纱线同步动态集聚，可降低纱线棉结，将顺纱线外表层纤维，纱线细节也略有降低，证明了平均条干CV值降低0.04%是有道理的，集聚沟槽在同步动态集聚纱线外层纤维的过程中填平了

纱线细节处,使细节减少,而粗节和棉结也有降低,主要原因在于旋转集聚沟槽同步动态集聚纱线表层纤维的同时与纱线形成摩擦挤压了纱线粗节和棉结,减少了纱线成形后的粗节和棉结。

相反,原纱平均条干 CV 值为 11.50%,而静态集聚沟槽轮平均条干 CV 值为 11.90%,静态集聚沟槽在前钳口对纺纱三角区边缘纤维进行强行集聚的过程中,对纱线在纱线前进的方向有较大的阻碍作用力,对纱线造成附加摩擦牵伸,理论上应该增加 -40% 细节,而测试结果不增加反而减少,原因在于静态集聚沟槽对纱线毛羽有改善作用,纱线在加捻过程中边缘纤维与集聚沟槽两壁摩擦的作用减少了纺纱三角区边缘纤维形成纱线毛羽,重新加捻缠绕到纱线主干的毛羽减少了纱线细节,纱线细节 -40% 由 16.0 个/km 降为 11.0 个/km,这主要归结于毛羽重新卷绕在纱线细节处减少了纱线细节,毛羽重新缠绕到纱线细节处减少的细节比因为额外牵伸增加的细节要多,所以整体上纱线细节还是减少的;粗节增多的主要原因有两点,一是因为毛羽重新缠绕到纱线上形成新的粗节;二是须条与静态集聚沟槽摩擦过程中须条外部纤维受到挤压堆积,然后加捻形成粗节或棉结导致粗节或棉结增多。

3.2.3.4　拉伸性能结果与分析

普通环锭纺原纱、动态集聚沟槽和静态集聚沟槽所纺纱线的拉伸性能结果见表 3-5。有研究表明突出在纱线表面的纤维末端被重新包覆在纱线上,可以提高纤维的利用率,同时增加被包覆纱线段的截面纤维根数,可以增加纱线的强度,改善纱线的拉伸性能。

表 3-5　集聚沟槽轮转动和不转动对 14.6tex(40 英支)棉纱拉伸性能的影响

项目	普通环锭纺原纱	动态集聚沟槽轮	静态集聚沟槽轮
断裂强力/cN	225.70	227.00	221.75
强力 CV/%	8.20	7.80	7.90
强力最小值/cN	184.40	186.40	184.85
断裂伸长率/%	5.1	5.1	5.1

对比动态集聚沟槽和静态集聚沟槽对纱线拉伸性能的影响,动态集聚沟槽纱线拉伸断裂强力提高了 0.6%,而静态集聚沟槽纱线拉伸断裂强力降低了 1.75%,原因是静态集聚沟槽轮沿纱线前进方向与纱线的摩擦作用阻碍了纱线被顺畅卷绕到纱管上去,纺纱张力作用在前钳口与静态集聚沟槽轮之间对

纱线产生了额外牵伸，这恶化了纱线强力；而动态集聚沟槽与前钳口之间的纱线没有产生附加牵伸，主要原因是因为动态集聚沟槽对纱线摩擦阻力小，捻陷小，前钳口与动态集聚沟槽之间的捻回数没有明显减少，纺纱张力不足以对该部分产生额外牵伸作用，相反由于动态集聚沟槽与纱线的同步集聚作用将伸出在纱线主干之外的纤维末端重新捻入纱线主干增加了纤维利用率，同时略微增加了纱线断裂强力。

3.3 自适应压持集聚式环锭光洁纱线结构成形

降低成纱毛羽、提高纤维利用率，同时又保持纱线整体柔性，避免紧密纺纱体内纤维排列整齐度过高而引起的刚度增加、手感发硬的问题。基于普通环锭纺纱表面外露毛羽过多、紧密纺纱线纱体刚度过大的技术问题，槽轮重集聚纺纱方法有效保留了纺纱三角区、保证纱体成形结构中具有充分内外转移的纤维抱合特征，同时借助沟槽集聚方式，对纱线表面毛羽实施动态重集聚控制成形，有效集聚包缠纱线表层毛羽，同时优化集聚包缠力和接触摩擦力，抑制成形纱线的条干恶化。但是沟槽动态集聚包缠属于动态的、相对较为自由的半敞口式集聚包缠方式，对成形中的纱条表面毛羽包缠力度较为松弛，降低纱线毛羽程度较小，难以实现纱线表层纤维紧密堆砌的光洁结构（图3-14）。

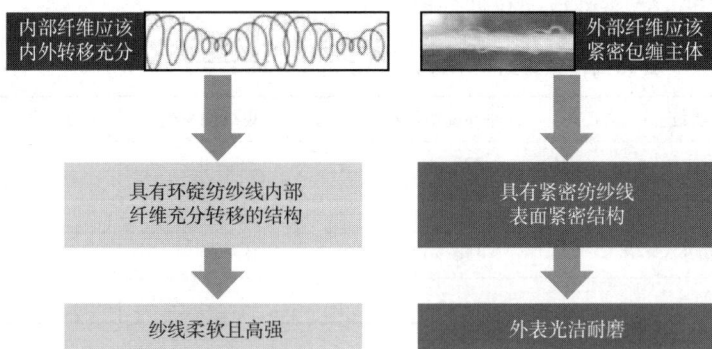

内部纤维应该内外转移充分 → 具有环锭纺纱线内部纤维充分转移的结构 → 纱线柔软且高强

外部纤维应该紧密包缠主体 → 具有紧密纺纱线表面紧密结构 → 外表光洁耐磨

图3-14　理想柔顺光洁纱线成形结构及性能特征

针对现有沟槽动态集聚包缠技术在减少纱线毛羽方面的局限性，创新性地提出了压持式集聚包缠策略，旨在显著削减毛羽数量并增强包缠紧密度。

然而，增强包缠力度的同时，可能阻碍捻度有效传递至纺纱三角区，引发纺纱断头率上升及成纱质量下降的问题。因此，深入探索了如何赋予压持式集聚包缠自适应特性，使其能够灵活适应不同捻度传递条件与纱段粗细变化，确保纺纱过程稳定且高效，同时进一步提升纱线的光洁度与整体品质。基于这一自适应压持集聚环锭纺理念，设计并开发了相应的纺纱装置，通过实际纺纱实验验证其效果。实验不仅对比分析了采用新装置纺制纱线的表面结构特征，还系统评估了纱线的毛羽数量、条干均匀度、断裂强度及伸长率等关键性能指标，以全面展现自适应压持集聚技术在提升纱线品质方面的优势与潜力。

3.3.1　成形机理

3.3.1.1　增加对纱线成形过程中微结构的控制以减少成纱毛羽

在纱线成形过程中，锭子带动纱管旋转，通过纱线带动钢丝圈在钢领上转动，使得捻度通过气圈由下至上传递至纺纱段，最后在须条输出部位，前罗拉前钳口处使得输出的须条加捻，形成须条加捻区域，该区域被称为纺纱加捻三角区。纺纱加捻三角区中的纤维在内外转移过程中，边缘纤维受到较小的握持作用力，纤维头端或末端露出在纱线表面形成毛羽，在该区域加装下杆单面接触纱线，能够有效协同纱体转动，卷绕毛羽进入纱体。为提高纱线表面的毛羽重新卷入或捻入纱体主干的数量和紧度，采用在纺纱加捻三角区下方未完全成纱的纺纱段，加装下杆与自适应调节盘（图3-15）协同作用于纱线额外增加对纱线表面毛羽的作用力，对比分析不同作用力条件对纱线微结构的控制作用情况。

减少纱线毛羽的关键在于成纱过程中纱条表面毛羽的受力加捻卷绕，在普通环锭纺纱过程中纱条表

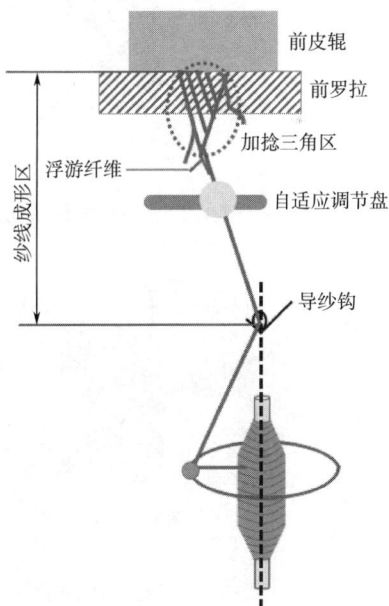

图 3-15　自适应压持集聚式环锭纺纱
系统示意图

面的毛羽受力情况、在加捻成形区加装一个静态接触表面后的纱条表面毛羽受力情况、在加捻成形区同时加装静态接触表面和自适应调节张力盘后的纱条表面毛羽受力情况分别如图3-16~图3-18所示。

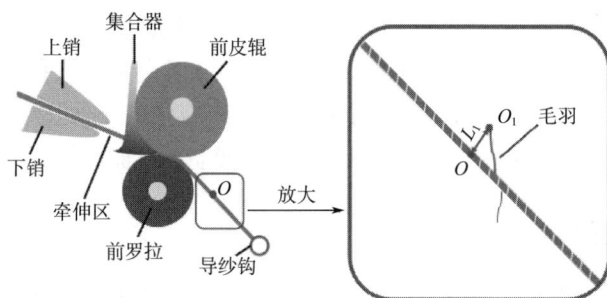

图 3-16　传统环锭纺纱系统中纱条毛羽受力模型

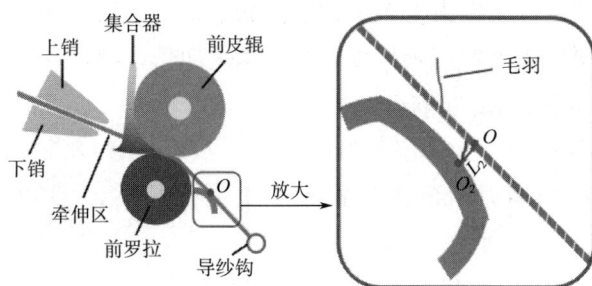

图 3-17　下杆接触式纺纱系统中纱条毛羽受力模型

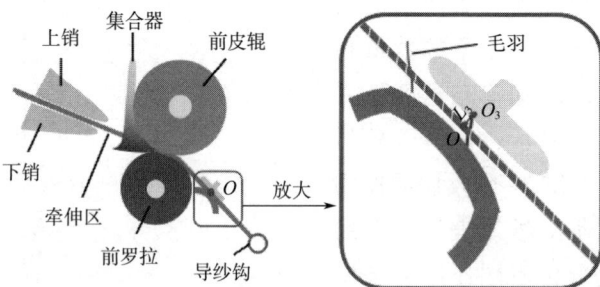

图 3-18　自适应压持集聚式纺纱系统中纱条毛羽受力模型

在普通环锭纺纱系统中，加捻成纱区的纱条表面毛羽受到自身重力、随纱条旋转的离心力、空气阻力（忽略不计）等作用，因此对纱线表面的微结构进行受力分析可以得到式（3-20）：

$$T_1 = f(m, L_1, V_s) = F_k \qquad\qquad (3\text{-}20)$$

式中，T_1 表示无接触面的纺纱毛羽 OO_1 的张力；m 表示毛羽 OO_1 的质量；L_1 是毛羽 OO_1 的长度；V_s 是纱线加捻的转速；F_k 表示毛羽 O_1 点的离心力。

纱线表面单根毛羽的质量非常小，可以忽略不计，所以毛羽的离心力 F_k 微小。这种微弱的离心力仅仅稍微拉伸了弯曲的纤维，而不能将纤维有效缠绕在纱线上，从而导致纤维露出在纱条表面形成毛羽。

如果将一个静态表面用于接触纺纱段，旋转的毛羽会与接触表面有相对移动和相对作用力，纱线毛羽在接触面上（图 3-17）滑动增加了摩擦力，可以得出式（3-21）：

$$T_2 = f_s + f(m, L_1, V_s) \qquad\qquad (3\text{-}21)$$

式中，T_2 表示一个静态表面用于接触纺纱段后毛羽 OO_2 所受的作用力；f_s 表示作用于毛羽 OO_2 单一静态接触表面的滑动摩擦力。

滑动力 f_s 可以用式（3-22）表示：

$$f_s = \mu N = \mu \left[\int_0^{l_2} f(m, l_x, V_s)\,\mathrm{d}l + \int_0^{d_s} N(d)\,\mathrm{d}d + \int_0^L G(l_x)\,\mathrm{d}l \right] \qquad (3\text{-}22)$$

式中，μ 是纤维与静态接触面之间的摩擦系数；L 是外露毛羽头端的长度；N 是纤维在静态表面上的正压力；L_2 是 O_2 到纱线主干的距离；d_s 为纱线直径；$G(l_x)$ 是毛羽的重量；lx 是沿 X 轴滑动的毛羽长度。

式（3-21）和式（3-22）合并之后，可以得到式（3-23）：

$$T_2 = \mu \left[\int_0^{l_2} f(m, l_x, V_s)\,\mathrm{d}l + \int_0^{d_s} N(d)\,\mathrm{d}d + \int_0^L G(l_x)\,\mathrm{d}l \right] + f(m, l, V_s) \qquad (3\text{-}23)$$

将另一个表面引入单一的静态表面上，可能会极大地增加对纱条表面外露毛羽的握持作用力，同时，纱线表面与接触面之间的摩擦力也增加了，增加了捻阻，使成纱加捻三角区部位的捻度减弱。为了降低捻陷作用和避免纺纱张力增加过大，采用自适应的张力盘作为新增的接触面，如图 3-18 所示。

在纺纱段安装下杆和自适应调节盘，纱线通过下杆和自适应张力盘所形成的自适应缝隙后，与上述分析类似，可以推导出式（3-24）和式（3-25）。

$$T_3 = f_s' + f(m, L_1, V_s) \qquad\qquad (3\text{-}24)$$

$$f_s' = \mu N = \mu \left[\int_0^{l_2} f(m, l_x, V_s)\,\mathrm{d}l + \int_0^{d_s} N(d)\,\mathrm{d}d + \int_0^L G(l_x)\,\mathrm{d}l + k G_{\text{disc}} \right] \qquad (3\text{-}25)$$

式中，T_3 是静态表面用于接触纺纱段后毛羽 OO_3 所受的作用力；f_s' 是总摩擦力；k 是垂直于下杆方向张力盘作用于纱线毛羽端的作用系数；G_{disc} 是自适应张力盘的重量。

式（3-24）和式（3-25）组合可以得到式（3-26）：

$$T_3 = \mu\left(\int_0^{l_2} f(m,\ l_x,\ V_s) + \int_0^{d_s} N(d) + \int_0^L G(l_x) + kG_{disc}\right) + f(m,\ l,\ V_s) \quad (3-26)$$

将式（3-20）、式（3-24）、式（3-26）进行比较后，得到不等式（3-27）：

$$T_3 > T_2 > T_1 \qquad (3-27)$$

不等式（3-27）表明，加装静态接触表面和自适应调节盘接触表面后，在加捻过程中毛羽所受握持力增加［图 3-19（b）、图 3-19（c）］，毛羽所受握持越大就越容易被重新缠绕到纱线主干上，毛羽下降量越大、毛羽捻入纱体层结构的紧密度越高。因此，在纺纱段通过下杆表面与自适应调节盘的作用，可以大大提高成纱表面光洁程度。

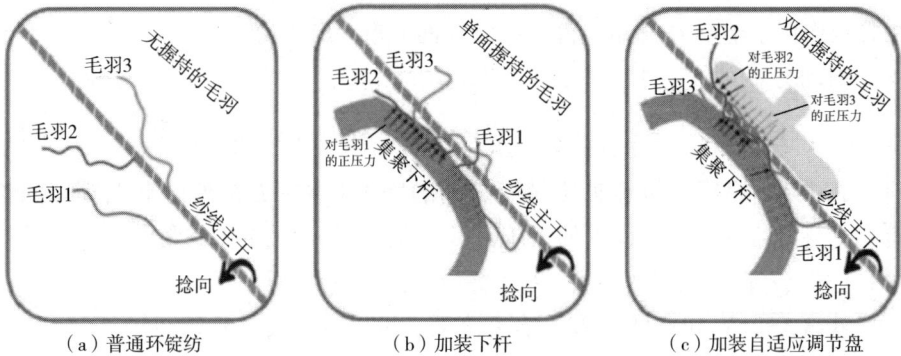

（a）普通环锭纺　　　（b）加装下杆　　　（c）加装自适应调节盘

图 3-19　自适应调节盘增加纱线成形过程中微结构的控制原理示意图

3.3.1.2　增加对纱线成形过程中微结构的控制避免条干恶化

在露出在纱线表面的毛羽重新加捻缠绕在纱线主干的过程中，细节纱段发生纱条表面毛羽集聚包缠现象，细节纱段的纱体主干直径增加，从而减少纱线细节，改善成纱条干均匀度；相反，粗节纱段发生纱条表面毛羽集聚包缠现象，粗节纱段的纱体主干直径增加，进一步增大纱线粗节，甚至将粗节过度增大而形成棉结，从而恶化了成纱条干均匀度。有研究表明，在引入单一接触面后纱线粗节或棉结增加，纱线条干恶化，为促进接触式纺纱的实际应用，应避免毛羽重新缠绕在纱线粗节部位。因此，当毛羽缠绕在纱线表面时，增加自适应调节盘［图 3-20（a）］，调节毛羽集聚包缠的优化成形是必要的。

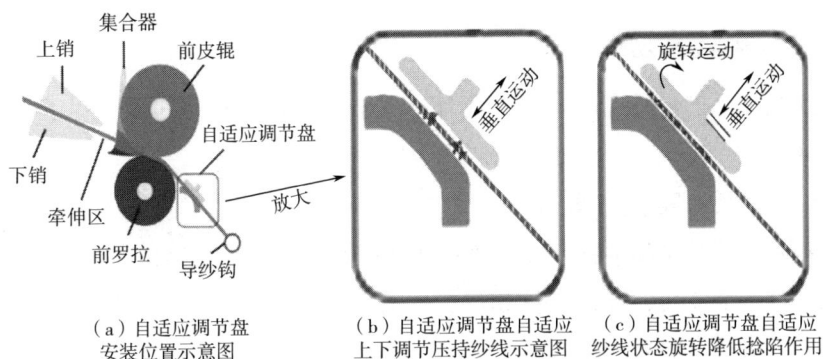

（a）自适应调节盘　　　　（b）自适应调节盘自适应　　　　（c）自适应调节盘自适应
安装位置示意图　　　　上下调节压持纱线示意图　　　　纱线状态旋转降低捻陷作用

图 3-20　自适应压持集聚式环锭光洁纱线成形模型

　　自适应调节盘能跟随纱线状态而改变与纱线的接触形式，如果毛羽是集中在纱线一段上，自适应调节盘就会产生垂直方向上的运动［图 3-20（b）］，在这种情况下，将会减少自适应调节盘表面与纱线的接触面积，纱线在接触面所受捻阻也会减小，避免了从前钳口输出的须条到接触面之间的意外牵伸。更重要的是，在自适应调节盘重量 G_{disc} 不变的条件下，减少了自适应调节盘与纱体之间的接触面积 S。根据压强式（3-28），S 减小、G_{disc} 不变，从而压强 P 增加，此时自适应调节盘对纱条进行毛羽包缠的粗节处施加更大压力，促使此处毛羽缠绕粗节产生更大形变，避免纱条表面毛羽集聚在较短长度范围内而生成棉结。压强 P 增加，有效解除了纱条表面毛羽的集聚包缠，促使纱条表面毛羽进行分散状包缠，抑制由于毛羽包缠而引起的纱线粗节和棉结增加，从而改善成纱条干均匀度。

$$P = \frac{k \cdot G_{disc}}{S} \tag{3-28}$$

　　相反，当粗节部分通过自适应调节盘接触面时使自适应调节盘垂直向下运动增加接触面积 S，接触面积 S 增加意味着增强了对纱线毛羽的握持，同时可能会造成捻陷增加，在这种情况下，接触盘进行旋转运动［图 3-20（c）］，以缓解纱线扭转摩擦阻力过大的问题，这样就避免了从前钳口输出的须条到接触面之间的额外牵伸，同时也解决了捻陷过大的问题。因此，通过加入自适应调节盘可以避免恶化纱线条干。

　　纱线毛羽减少和条干不恶化就意味着构成纱线的纤维利用率提高，毛羽被重新捻入纱体后增加了构成纱线强力的纤维数量，因此，在纺纱段加装自适应调节盘后，所纺纱线的拉伸性能也有望得到改善。

3.3.2 实验方法

为验证上述自适应压持集聚式环锭光洁纱线成形机理，通过以下实验进行验证。

3.3.2.1 实验方案

在标准纺纱车间进行实验，要求细纱机车台生产质量稳定，锭间差异小，选取六锭一节罗拉，在同锭同粗纱，同时要求纱管一致，所纺纱型均为中纱状态下，进行三组对照组实验。

第一组：环锭纺原纱。

第二组：在纺纱段加装下杆单独接触面的纱线。

第三组：在纺纱段加装自适应调节盘的纱线。

每组均在六个锭子上进行实验，取六锭管纱作为实验样品，对所有样品分组进行毛羽、条干、强力标准化测试，然后对比实验结果得出结论。

3.3.2.2 实验装置搭建

在对照组实验过程中，主要采用六锭一组的下杆和每锭一个的自适应调节盘形成一套稳定装置。下杆使用 10mm×500mm 长条形不锈钢加工，取长条一平面作为与纱线的接触面进行加工，对该平面两边缘倒半径为 5mm 的圆弧角并打磨光滑避免刮伤纱线，同时在该表面六个间距为 70mm 处钻（2±0.02）mm 圆孔，对自适应张力盘吊装杆进行安装形成六锭一节的下杆平面，再对下杆平面进行镀铬处理确保其表面无毛刺。安装自适应调节盘使用直径为 25mm，厚度为 0.7mm 的不锈钢片进行冲压加工，自适应调节盘边缘有半径为 2mm 的翻折圆边，中间有直径为 2.5mm 的圆孔，圆孔与自适应调节盘的边缘折边在一个面上有 2mm 凸起，自适应调节盘通过中心圆孔凸起与下杆上的吊装杆配合安装，如图 3-21 所示。

图 3-21　自适应压持集聚式装置图

自适应调节装置通过细纱机罗拉座上的支架安装在细纱机上，如图 3-22 （a）所示。下杆前边缘到前皮辊和前罗拉的啮合线距离为 20mm，如图 3-22 （b）所示。

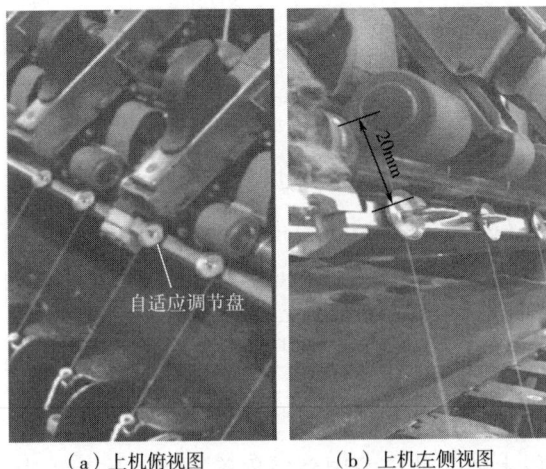

（a）上机俯视图　　　　（b）上机左侧视图

图 3-22　自适应压持集聚式装置上机图

3.3.2.3　实验原料及关键纺纱工艺

采用自适应压持集聚式纺纱装置，在安徽华茂集团六分厂经纬细纱机上进行纯棉 9.8tex（60 英支）自适应压持集聚纺纱对照试验，原料选取精梳粗纱定量为 624tex，具体配棉情况见表 3-6。

表 3-6　纯棉 9.8tex（60 英支）品种配棉成分表

产地	品级	长度/ mm	回潮/ %	杂质/ %	马克 隆值	细度	比强/ （cN/ tex）	纤维棉 结/ （粒/ g）	籽屑 棉结/ （粒/ g）	有效 长度/ mm	短绒 率/ （%/ 重）	短绒 率/ （%/ 根）	比例/ %
新疆尉犁 1010	3.19	30.5	6.17	1.6	4.1	6049	29.2	190	36	27.94	14.0	26.9	38.9
新疆巴州 1021	3.21	28.5	6.97	1.4	4.4	5794	27.2	227	37	26.08	17.7	31.4	24.8

产地	品级	长度/mm	回潮/%	杂质/%	马克隆值	细度	比强/(cN/tex)	纤维棉结/(粒/g)	籽屑棉结/(粒/g)	有效长度/mm	短绒率/(%/重)	短绒率/(%/根)	比例/%
新疆且末1038	3.34	29.2	6.52	1.5	3.9	6200	27.0	226	39	26.77	15.9	29	12.1
新疆莎车80	3.13	28.8	6.35	1.4	4.4	5740	26.8	252	39	25.33	19.3	33.2	12.1
新疆尉犁1040	3.31	29.1	7.99	1.3	4.6	5640	27.5	210	33	26.12	14.1	25.7	12.1
平均	3.22	29.5	6.66	1.5	4.3	5914	27.9	214	37	26.78	15.8	28.9	1.0

新疆棉以绒长、品质好、产量高著称于世，与其他地方土壤、气候不同，最多可达到18h以上的光照，我国新疆棉曾是所有地产棉中的佼佼者，世界几大产棉国美国、澳大利亚、印度等棉花整体性能曾经望其项背，新疆细绒棉、长绒棉也因此成为纺纱工程师制作高端纱的首选。

本实验的关键纺纱参数见表3-7，细纱机型号为F1508型，精梳粗纱定量为624tex，细纱定量为9.8tex，总牵伸倍数设置为66.865，上销隔距块大小为2.5mm，前罗拉速度为13.1m/min，锭子转速为16179r/min，钢丝圈型号为PG1/2385，钢领型号为6903型14/0，车间温度33℃，相对湿度为55%。

表3-7 关键纺纱参数及配置

项目	参数	项目	参数
机械牵伸倍数	66.865	锭速	16179r/min
隔距块大小	2.5mm	钢丝圈型号	PG1/2385
前罗拉速度	13.1m/min	钢领型号	690314/0

3.3.2.4 自适应压持集聚式环锭光洁纱线结构与性能测试

对纱线的结构表征采用OLYMPUS DSX510视频显微镜进行分析，采用视频显微镜测试样品的表面形貌。首先将三组不同纺纱方法所纺纱线随机截取样品，将所取样品用双面胶固定在金属圆台上，使用操纵杆将其移入电动变焦镜头下，然后使用全景拍摄对样品用视频显微镜进行拍摄，观察纱线长片段的形貌。

所有样本需在标准试验室［温度为（20±2）℃、相对湿度为（65±2）%］存放 24h 以上。分别对第一组环锭纺原纱，第二组在纺纱段加装下杆单独接触面的纱线和第三组在纺纱段加装自适应调节盘的纱线进行毛羽、拉伸性能和纱线条干均匀度测试。

毛羽测试是使用长岭 YG172A 型毛羽仪对单位长度纱线的不同长度毛羽的根数进行计数，重点关注长度为 3mm 及以上毛羽的根数，测试速度为 30m/min，片段长度为 10m，每个样品连续测试 10 次后得到平均结果。

拉伸性能测试采用 YG029GK 自动单纱张力测试仪对三组样本进行测试，预加张力为 4.9cN，间隔 1m 取样，拉伸速度为 500mm/min，拉伸间距为500mm，每个样品测试 10 次计算平均值。

条干均匀度测试采用 USTER4-SX 条干均匀度测试仪测试，测试速度为400m/min，测试时间为 1min。

3.3.3 结果与分析

通过分析自适应压持集聚式环锭光洁纱线成形机理，建立纱线成形过程中在不同纺纱系统下的毛羽模型并对毛羽模型进行受力分析，对理论模型的正确进行验证试验，得出以下结果。

3.3.3.1 毛羽性能结果与分析

纱线毛羽测试结果如图 3-23 所示，可以得出单独下杆纺纱系统、自适应压持集聚式纺纱系统均能有效减少纱线毛羽。

相比普通环锭纺纱线，下杆接触式纺纱系统所纺纱线 3mm 毛羽减少了26.8%；而自适应压持集聚式纺纱系统所纺纱线毛羽更少，相比环锭纺原纱3mm 毛羽降幅达 62.6%，这表明自适应调节盘和下杆的组合要比单独下杆接触纺纱更进一步减少了纱线毛羽，说明增加对纱线成形过程中微结构的控制来减少成纱毛羽理论模型是正确的，同时因为有了自适应调节盘后，毛羽的进一步减少验证了自适应调节盘压持集聚纺纱的有效性。

长毛羽对后道工序中的织造有害，会造成织机开口不清，同时造成引纬失败，在引起织机停车同时对布面造成影响。因此，对不同纺纱方法所纺纱线的长毛羽进行分析，分析结果如图 3-24 所示。

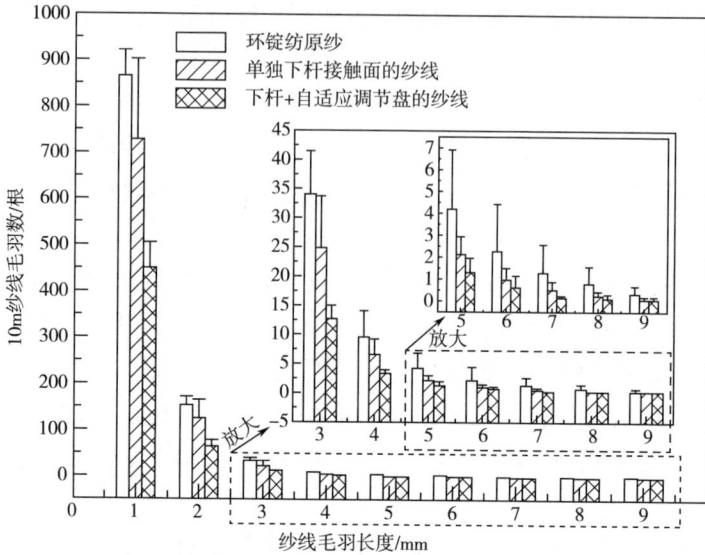

图 3-23　三种不同纺纱方法所纺纱线毛羽数比较

　　传统环锭纺纱线长毛羽在引入下杆后明显减少，而在下杆基础上再加入自适应调节盘后长毛羽更少，说明自适应调节盘增加了对纱线握持作用，自适应压持集聚式纺纱是有效的，图 3-24 显示用下杆和自适应调节盘的组合还减小了误差棒的大小，说明自适应调节盘有利于改善纱线表面毛羽的不匀。

　　为考察毛羽结果的显著性，在 SPASS 软件中采用 Student-Newman-Keuls

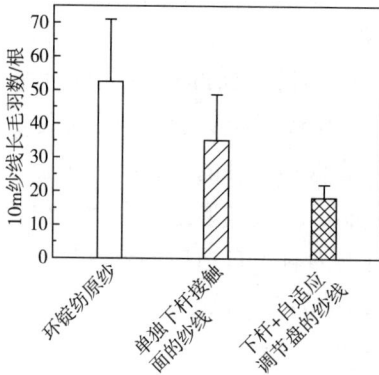

图 3-24　三种不同纺纱方法所
纺纱线长毛羽数比较

方法对毛羽测试结果数据进行显著性分析（significance level），其中三种方法所纺纱线表面的长毛羽（又被认为是有害毛羽）量显著性分析结果见表 3-8。分析结果表明单独下杆接触面所纺纱线的有害毛羽量与普通环锭纺相比，显著性降低；与普通环锭纺原纱（样品 1）、单独下杆接触面所纺纱线（样品 2）相比，下杆+自适应调节盘所纺纱线（样品 3）的有害毛羽量进一步降低。

表 3-8　三种不同纺纱方法所纺纱线 3mm 以上毛羽的显著性分析

项目	样本量	alpha 子集 = 0.05		
		1	2	3
3. 下杆+自适应调节盘所纺纱线	60	12.6667	—	—
2. 单独下杆接触面所纺纱线	60	—	24.7333	—
1. 普通环锭纺原纱	60	—	—	34.0667
显著性分析	—	1.000	1.000	1.000

3.3.3.2　条干性能结果与分析

对所纺三组纱线样品进行条干测试后的结果见表 3-9。对比表中数据可得出：自适应压持集聚式纺纱装置在降低纱线毛羽的同时，没有恶化纱线条干值和棉纱疵点（粗节 10 个/km、细节 0），与自适应调节盘增加对纱线成形过程中微结构的控制避免恶化条干理论相符。

表 3-9　不同纺纱方法所纺纱线条干对比

纱线类型试验样品	环锭纺原纱			单独下杆接触面			下杆与自适应调节盘		
	CV_m^a/%	细节 −50%/（个/km）	粗节 +50%/（个/km）	CV_m/%	细节 −50%/（个/km）	粗节 +50%/（个/km）	CV_m/%	细节 −50%/（个/km）	粗节 +50%/（个/km）
1	12.02	0	10	12.40*	0	10	11.82	0	15*
2	11.51	5	10	11.29	0	10	11.66*	0	5
3	12.15	5	30	12.99*	0	40*	11.97	0	15
4	12.36	5	10	11.21	0	5	11.99	0	5
5	11.91	5	10	11.73	0	5	11.58	0	15*
6	11.87	5	25	11.92*	0	25	11.77	5	5
平均值	12.02	4.2	15.8	11.92	0	15	11.80	0.8	10
CV	2.6	—	—	5.7	—	—	1.4	—	—

a　CV_m 代表 CV 值的抑制数据，是将不匀的纱线片段过滤掉之后剩余部分的 CV 值，其数值越小，代表条干越均匀。

＊数据恶化。

对比分析三种纺纱形式的条干平均值，单独下杆、下杆与自适应调节盘组合形式都是改善的，但是单独下杆接触面中有三个试验样品（占试验样品一半）的条干值相对普通环锭纺是恶化的，而这三个样品的细节并没有增加反而减少，样品3粗节增加，分析原因可能是因为纱线毛羽在下杆接触面上受到单方向微弱的力将长毛羽重新缠绕到纱线主干上时，长毛羽主要是缠绕到纱线细节处，细节处截面的纤维根数增多所以试验结果中细节减少，但是在毛羽比较浓密的地方毛羽重新缠绕，降低纱线毛羽时形成了"聚集"现象，拉长了纱线片段不匀导致条干恶化，但是从条干数据整体来看加入一个下杆接触面对纱线条干是有改善的；自适应调节盘避免了降低纱线毛羽时在纱体形成"聚集"现象，自适应调节盘能跟随纱线状态而改变与纱线的接触形式，克服了捻阻现象。如果毛羽是集中在纱线一段上，自适应调节盘就会产生垂直方向上的运动，在这种情况下，将会减少自适应调节盘表面与纱线的接触面积，纱线在接触面所受捻阻也会减小，对纱线有抹平的作用。自适应调节盘对条干的改善验证了自适应调节盘可以增加对纱线成形过程中微结构的控制，还可以避免恶化条干的理论分析。

为考察毛羽结果的显著性，在SPASS软件中采用Student-Newman-Keuls方法对纱线条干CV_m、细节-50%、粗节+50%指标数据分别进行了显著性分析，分析结果分别见表3-10、表3-11和表3-12。其中三种方法所纺纱线的条干CV_m、-50%细节指标并没有显著性差异，这说明通过加装单独下杆接触面、下杆+自适应调节盘对成纱区纱条表面毛羽进行重新包缠捻入纱体，对成纱条干CV和细节没有显著性影响，维持原纱指标水平。

表3-10 三种纺纱方法所纺纱线条干 CV_m 的显著性分析

项目	样本量	alpha 子集 = 0.05
		1
3. 下杆+自适应调节盘所纺纱线	6	11.7983
2. 单独下杆接触面所纺纱线	6	11.9233
1. 普通环锭纺原纱	6	11.9700
显著性分析	—	0.778

表3-11 三种纺纱方法所纺纱线细节-50%的显著性分析

项目	样本量	alpha 子集 = 0.05
		1
3. 下杆+自适应调节盘所纺纱线	6	10.0000
1. 普通环锭纺原纱	6	15.8333
2. 单独下杆接触面所纺纱线	6	15.8333
显著性分析	—	0.590

表 3-12　三种纺纱方法所纺纱线粗节+50%的显著性分析

项目	样本量	alpha 子集=0.05	
		1	2
2. 单独下杆接触面所纺纱线	6	0	—
3. 下杆+自适应调节盘所纺纱线	6	0.8333	—
1. 普通环锭纺原纱	6	—	4.1667
显著性分析	—	0.400	1.000

　　三种方法所纺纱线的条干粗节+50%指标显示出：与普通环锭纺原纱相比，通过加装单独下杆接触面、下杆+自适应调节盘对成纱区纱条表面毛羽进行大量重新包缠捻入纱体，有效降低成纱的粗节纱疵，成功避免了纱线表面毛羽集聚包缠，减少纱疵的发生。

3.3.3.3　拉伸性能结果与分析

　　普通环锭纺原纱、单独下杆接触纺纱线和下杆+自适应调节盘组合纺纱线的拉伸性能结果见表 3-13。通常情况下，突出在纱线表面的纤维末端被重新包覆在纱线上，可以提高纤维的利用率，同时增加被包覆纱线段的截面纤维根数，可以增加纱线的强度，改善纱线的拉伸性能。

表 3-13　不同纺纱方法所纺纱线拉伸性能对比

试验样品	环锭纺原纱		单独下杆接触面		下杆与自适应调节盘	
	断裂强力/cN [标准偏差]	伸长率/% [标准偏差]	断裂强力/cN [标准偏差]	伸长率/% [标准偏差]	断裂强力/cN [标准偏差]	伸长率/% [标准偏差]
1	205.6 [7.44]	5.5 [6.01]	213.7 [10.14]	5.5 [4.11]	205.0 [3.76]	5.2 [4.57]
2	212.8 [10.83]	5.2 [4.53]	195.7 [5.19]	4.8 [7.19]	205.0 [8.56]	4.8 [10.55]
3	179.9 [6.16]	4.6 [6.63]	196.2 [3.43]	5.2 [1.67]	201.2 [8.42]	4.8 [10.56]
4	205.5 [8.57]	4.9 [6.73]	207.8 [3.60]	5.3 [2.99]	215.2 [4.85]	5.3 [4.39]
5	204.7 [8.87]	5.3 [9.31]	210.3 [7.14]	5.5 [6.16]	202.4 [7.50]	5.2 [5.92]
6	196.7 [7.07]	5.2 [2.85]	193.7 [7.49]	5.0 [7.67]	208.2 [9.57]	5.1 [9.02]
平均值	200.9 [9.33]	5.1 [7.87]	202.9 [7.27]	5.2 [6.63]	206.2 [7.09]	5.1 [8.05]

　　事实上，与普通环锭纺原纱对比后，发现下杆+自适应调节盘的压持集聚使纱线断裂强力略有增加，断裂伸长率却与普通环锭纺保持在同一水平，这

可能是由于纱线表面毛羽占纤维总根数的比例小，被卷入纱线主干的毛羽不足以起到增加纱线强力的作用。

为考察毛羽结果的显著性，在 SPASS 软件中采用 Student-Newman-Keuls 方法分别对纱线断裂强力（表3-14）、断裂伸长率（表3-15）的数据结果进行了显著性分析。结果显示，三种方法所纺纱线的断裂强力、断裂伸长率并没有显著性差异，这说明通过加装单独下杆接触面、下杆+自适应调节盘将成纱区纱条表面毛羽重新包缠捻入纱体，虽然提高了纤维利用率、稍微增加纱强和断裂伸长，但毛羽绝对质量下降有限、纱体内部结构并未改变，因此改善效果有待进一步加强。

表3-14 三种纺纱方法所纺纱线拉伸断裂强力的显著性分析

项目	样本量	alpha 子集 = 0.05
		1
1. 普通环锭纺原纱	30	200.8667
2. 单独下杆接触面所纺纱线	30	202.9333
3. 下杆+自适应调节盘所纺纱线	30	206.1667
显著性分析	—	0.561

表3-15 三种纺纱方法所纺纱线拉伸断裂伸长率的显著性分析

项目	样本量	alpha 子集 = 0.05
		1
3. 下杆+自适应调节盘所纺纱线	30	5.0667
1. 普通环锭纺原纱	30	5.1167
2. 单独下杆接触面所纺纱线	30	5.2167
显著性分析	—	0.620

3.3.3.4 光洁纱线结构结果与分析

通过视频显微镜照片（图3-25）可以看出，自适应调节盘压持集聚式环锭纺纱线毛羽明显减少，部分长毛羽被卷绕到纱线主干，也有一部分被重新缠绕到纱线表面形成了圈毛羽；单独下杆接触面的纱线表面圈毛羽明显增加，杂乱毛羽减少，说明原来露出在纱线主干上的纤维末端被重新捻入纱线主干。

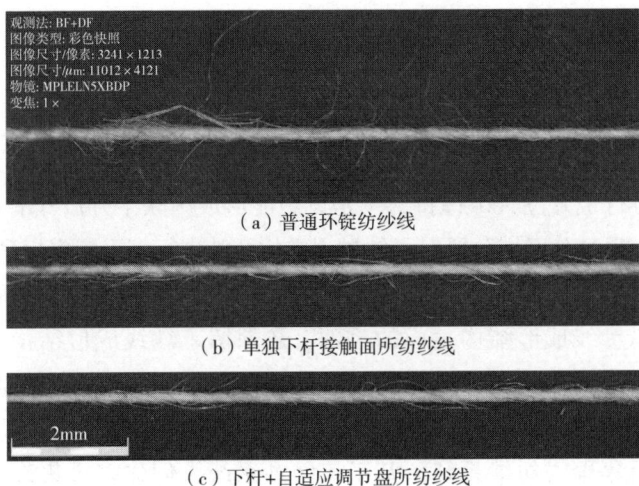

観測法: BF+DF
图像类型: 彩色快照
图像尺寸/像素: 3241 × 1213
图像尺寸/μm: 11012 × 4121
物镜: MPLELN5XBDP
变焦: 1 ×

（a）普通环锭纺纱线

（b）单独下杆接触面所纺纱线

2mm

（c）下杆+自适应调节盘所纺纱线

图 3-25　不同纺纱形式所纺纱线显微镜对比图

3.4 多重集聚式环锭光洁纱线结构成形

　　纺纱作为纺织工业的基石，其质量直接关乎后续织造效率与成品织物的外观品质。当前，环锭纺纱技术占据纱线生产的主导地位，该技术通过罗拉、皮辊的牵伸作用及钢丝圈环、锭子的加捻机制，将前钳口输出的纤维束在啮合线处紧密加捻成纱，其间形成的加捻三角区域是纤维受力与运动的关键所在，对纺纱过程及纱线性能影响深远。科研人员持续探索优化纤维控制策略，以期提升纱线综合性能。为此，国内外学者与纺纱技术专家进行了广泛而深入的研究，提出了多种创新方案，其中，集聚纺纱技术尤为引人注目。该技术核心在于利用特殊装置，在纤维须条离开前罗拉钳口后实施有效集聚，促使须条紧密排列，显著缩小纺纱三角区宽度，确保纤维高度平行且充分融入纱体中。实践表明，与传统环锭纺纱相比，集聚纺纱线不仅表面光滑度显著提升，其断裂强度、断裂伸长率及条干均匀度等关键指标也均有所优化，展现出更为优异的性能。

　　就目前企业使用情况而言，采用气流集聚方式占绝大多数，气流集聚纺系统对改善织物耐磨及起毛起球方面的确有效，但其存在着设备和部件价格昂贵、维护复杂、能耗高等问题。采用机械式集聚虽然在设备和能耗上能降低成本，但在中高支纱线纺纱质量上稍逊于气流式集聚方法，有企业使用机械式集聚纺纺低支纱时，纱线质量提高不明显甚至纱线条干恶化。经深入研究和综合归纳得知传统机械式集聚方法有如下不足：传统机械式集聚方法是360°强制性对三角区须条施加作用力进行压缩以达到减少三角区的目的，集聚方式和过程过于激烈。自适应压持集聚式环锭光洁成纱方法虽然缓和了集聚力度和过程，但是没能对纤维进行全方位360°握持，于是设想能形成串联半开放式有序收紧集聚纤维的方法，通过分区域分段对成纱过程中的纤维进行多重集聚提高纱线品质。

基于上述技术问题，本书提出了一种简单、节能的机械式多重集聚方法，不仅大幅降低纱线成形结构表面的毛羽，还保留了纱线成形结构内部纤维充分内外转移、较为松弛柔软的特征。具体是以自适应压持盘集聚减少纱线毛羽为基础，采用在纺纱加捻三角区内同时加装集聚槽与自适应压持集聚系统，组合形成多重集聚式纺纱系统。基于该纺纱系统，创建多重集聚式环锭光洁纱线结构成形机理，建立模型对纱线进行受力分析，并用实验验证这一机理的精确性和有效性。

3.4.1 成纱设想及理论分析

3.4.1.1 成纱设想

针对目前环锭纺纱技术和机械式集聚纺纱技术存在的问题，提出了无能耗、低物料消耗的环保型多重集聚纺纱，并形成了相适应的多重集聚纺纱方法：采用"微重聚+旋转式沟槽轮重聚+自适应压持重聚"协同运作，构成串联半开放式有序收紧集聚纤维的方式和过程，先缓和后剧烈、先开放后收紧、渐进集聚，量化式对外层纤维精准集聚控制，分层、有序、精准控制边缘纤维，迫使所纺纱线结构的外紧内松且转移充分，实现多重集聚式环锭光洁纱线结构的成形。多重集聚纺纱结构示意图如图 3-26 所示。

如图 3-26 所示，在主牵伸区对须条进行预集聚，稍微收拢最边缘纤维，同时不改变须条主体形态，有效保留环锭纺纱加捻三角区；在成纱三角区和纺纱段，对须条边沿纤维进行再次集聚，对成形纱条表层纤维实施渐进式集聚作用，从而不仅大幅降低纱线毛羽，提高纱线强力，还保留传统环锭纱线柔软、纤维充分内外转移的结构特征，实现纤维须条"多重集聚纺纱"的目的。

通过串联半开放式有序收紧集聚的方法对纺纱三角区形态进行重新塑造，多重集聚纺纱三角区形态变化如图 3-27 所示，其中 n 指的是不同纺纱区段离散纤维须条的数量。

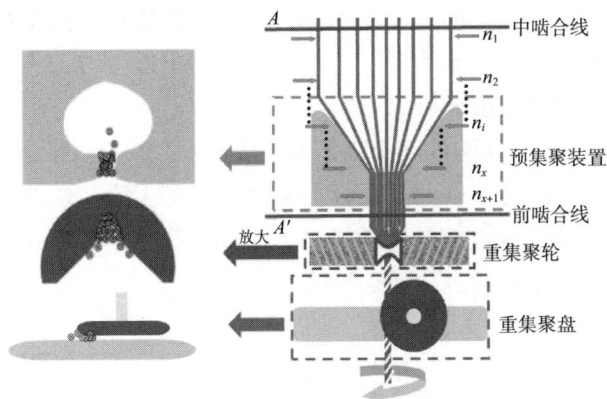

图 3-26　多重集聚式集聚结构示意图

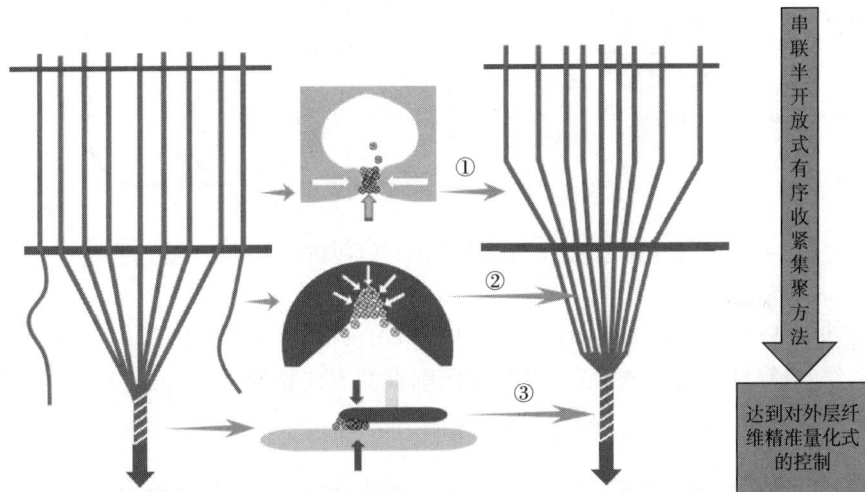

图 3-27　多重集聚纺纱三角区变化示意图

①—缩小加捻三角区宽度　②—重塑加捻三角区　③—捋顺毛羽，控制捻度

3.4.1.2　成纱理论分析

重集聚轮是 270°半开放式握持纤维须条，并未对纤维进行全方位 360°集聚夹持，开放部位对纱条表面毛羽紧密缠绕失效；在纺纱过程中，捻度是由下至上经导纱钩后传递到纺纱段，在纺纱段串联式加装自适应调节张力盘，不仅保证了捻度的正常传递，还通过全方位压持式装置再次集聚纤维须条。

对组合式多重集聚纺纱系统的纱线毛羽进行受力分析，在自适应调节盘压持集聚装置与前钳口之间加装集聚轮，加装集聚轮后纱线毛羽在自适应调节盘上形成三种不同的接触形式：上凸、平直、下凹，对三种不同的接触形式中的纱线毛羽进行建模分析。

如图 3-28 所示，在纺纱段安装集聚沟槽轮后，纱线从集聚轮槽下部平直通过，但是静态下杆是可以通过下杆支座在罗拉座上沿与纱线垂直的方向精准调节，当下杆调节至表面与纺纱段平齐时，纱线从自适应调节盘与静态下杆的自调节缝隙中平直通过，平直通过的模型为 S_1。

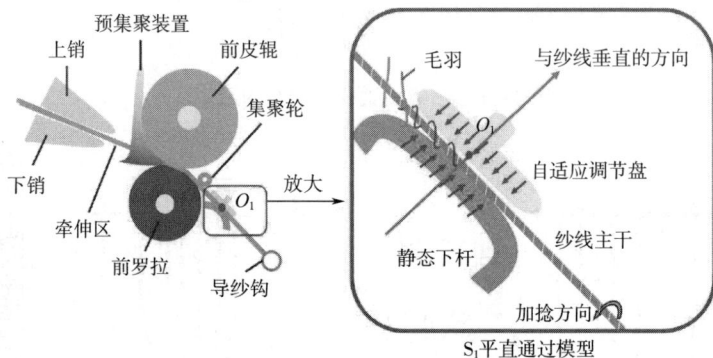

图 3-28　纱线从自适应调节盘与静态下杆的自调节缝隙中平直通过模型图

如图 3-29 所示，放大图中纱线从集聚轮沟槽下部平直通过后，下杆上表面与纺纱段纱线平齐，将下杆沿与纱线垂直的方向精准上移 2mm 后，纱线从自适应调节盘与静态下杆的自调节缝隙中上凸通过，上凸通过的模型为 S_2。

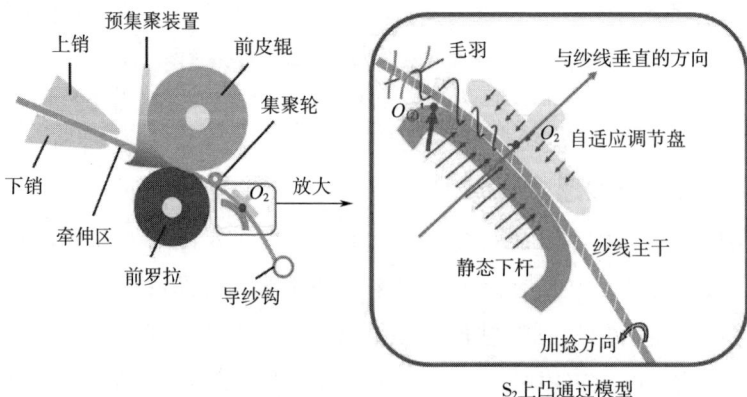

图 3-29　纱线从自适应调节盘与静态下杆的自调节缝隙中上凸通过模型图

如图 3-30 所示，放大图中纱线从集聚轮沟槽下部平直通过后，下杆上表面与纺纱段纱线平齐，将下杆沿与纱线垂直的方向精准下移 2mm 后，纱线从自适应调节盘与静态下杆的自调节缝隙中下凹通过，下凹通过的模型为 S_3。

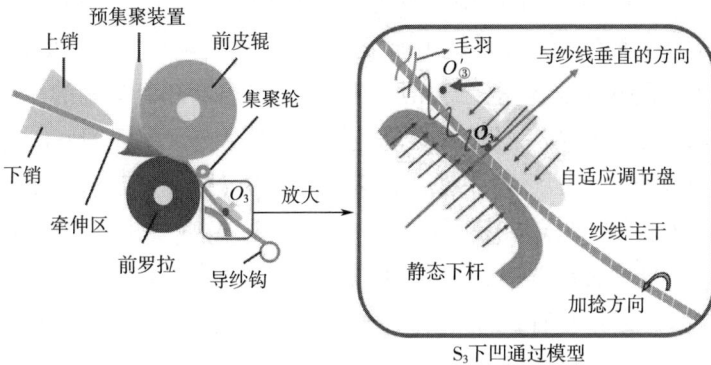

图 3-30　纱线从自适应调节盘与静态下杆的自调节缝隙中下凹通过模型图

对模型 S_1、S_2、S_3 中纱线毛羽在"O"点处的受力情况进行受力分析，推导出了三种接触形式的纱线形变模型，放大五倍后，其受力情况和形变示意图如图 3-31 所示，Y 轴正方向表示与纺纱段垂直的方向，X 轴正方向表示纺纱段纱线前进的方向。

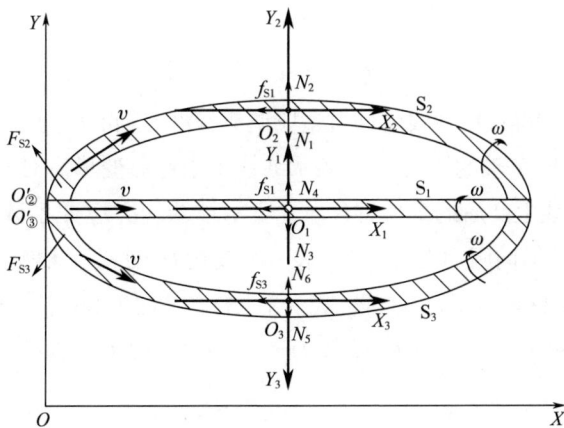

图 3-31　局部放大三种形式的纱线在静态下杆和自适应调节盘之间受力示意图

对模型 S_1 中 O_1 点进行受力分析，得出以下公式：

$$F_{Y_1} = N_1 = G_p + f(m, v, l) \qquad (3\text{-}29)$$

$$F_{Y_2} = N_2 = G_p + f(m, v, l) + G_y \qquad (3\text{-}30)$$

$$f_{O_1} = F_{X_1} = f_s = \mu_p N_1 + \mu_r N_2 \qquad (3\text{-}31)$$

式中，F_{Y_1} 表示以自适应调节盘为接触面产生的自上而下的压力；F_{Y_2} 表示以静态下杆为接触面产生的自下而上的压力；N_1 表示在 O_1 纱线受到自适应调节盘沿 Y 轴的压力；N_2 表示在 O_1 纱线受到静态下杆沿 Y 轴的压力；G_p 表示自适应调节盘的重力；G_y 表示在 O_1 点的纱线微分元的重量；μ_p 表示自适应调节盘与纱线之间的摩擦系数；μ_r 表示静态下杆与纱线之间的摩擦系数；m 表示在点 O_1 处的纱线微分元质量；v 表示纱线在 O_1 点的旋转加捻速度；l 表示在 O_1 点的毛羽长度；f_{O_1} 表示纱线在 O_1 点处受到的横向阻力总和；F_{X_1} 表示纱线在 O_1 处沿 X 轴受到的力；f_s 为 O 点处纤维不同状态下受到的阻力的统称。

上述所有参数的含义也适用于模型 S_2 和 S_3 的情况。

式（3-29）、式（3-30）、式（3-31）并合为式（3-32）：

$$f_{O_1} = \mu_p N_1 + \mu_r N_2 = \mu_p [G_p + f(m, v, l)] + \mu_r [G_p + f(m, v, l) + G_y] \qquad (3\text{-}32)$$

同样，对于模型 S_2 的点 O_2，可以得出下式：

$$F_{Y_2} = N_3 = G_p + f(m, v, l) + P_1 \qquad (3\text{-}33)$$

$$P_1 = \Delta L_1 \cdot \varepsilon \qquad (3\text{-}34)$$

$$N_4 = G_p + f(m, v, l) + G_y \qquad (3\text{-}35)$$

$$f_{O_2} = F_{X_2} = f_s = \mu_p N_3 + \mu_r N_4 \qquad (3\text{-}36)$$

式中，N_3 代表在 O_2 纱线受到自适应调节盘沿 Y 轴的压力；N_4 代表在 O_2 纱线受到静态下杆沿 Y 轴的压力；P_1 表示纱线由于弯曲变形后对静态下杆的作用力；ΔL_1 表示纱线上凸后的变形程度；ε 表示纱线应力应变系数；f_{O_2} 表示纱线在 O_2 点处受到的横向阻力总和；F_{X_2} 表示纱线在 O_2 处沿 X 轴受到的力。

合并式（3-33）、式（3-34）、式（3-35）、式（3-36），得到式（3-37）：

$$f_{O_2} = \mu_p N_3 + \mu_r N_4 = \mu_p [G_p + f(m, v, l) + \Delta L_1 \cdot \varepsilon] + \mu_r [G_p + f(m, v, l) + G_y]$$

$$(3\text{-}37)$$

对模型 S_3 中的 O_3 点：

$$F_{Y_3} = N_5 = G_p + f(m, v, l) - P_2 \qquad (3\text{-}38)$$

$$P_2 = \Delta L_2 \cdot \varepsilon \tag{3-39}$$

$$N_6 = G_P + f(m, v, l) + G_y - P_2 \tag{3-40}$$

$$f_{O_3} = F_{X_3} = f_S = \mu_p N_5 + \mu_r N_6 \tag{3-41}$$

式中，F_{Y_3} 表示在 O_3 纱线沿 Y 轴的受力总和；N_5 代表在 O_3 纱线受到自适应调节盘沿 Y 轴的压力；N_6 代表在 O_3 纱线受到静态下杆沿 Y 轴的压力；P_2 表示纱线由于下凹弯曲变形后对自适应调节盘的作用力；ΔL_2 表示纱线下凹后的变形程度；ε 表示纱线应力应变系数；f_{O_3} 表示纱线在 O_3 点处受到的横向阻力总和；F_{X_3} 表示纱线在 O_3 处沿 X 轴受到的力。

合并式（3-38）、式（3-39）、式（3-40）、式（3-41），得出式（3-42）：

$$\begin{aligned} f_{O_3} = \mu_p N_5 + \mu_r N_6 &= \mu_p [G_P + f(m, v, l) - \Delta L_2 \cdot \varepsilon] + \\ &\mu_r [G_P + f(m, v, l) + G_y - \Delta L_2 \cdot \varepsilon] \end{aligned} \tag{3-42}$$

分别对 O_1、O_2、O_3 进行受力分析后得出式（3-32）、式（3-37）、式（3-42），对比可知，模型 S_2 是由下杆挑起纺纱段纱线形成上凸形曲线，下杆与纱线之间在 O_2 点的正压力在三个模型中最大，相反的模型 S_3 为下凹形曲线，纱线受自适应调节盘的作用力形成下凹，下杆对纱线的作用力最小。

O_1、O_2、O_3 沿 X 轴的作用力可得出式（3-43）：

$$F_{X_2} = F_{X_1} + \mu_p \Delta L_1 \cdot \varepsilon = F_{X_3} + \mu_r \Delta L_2 \cdot \varepsilon + \mu_p \Delta L_2 \cdot \varepsilon + \mu_p \Delta L_1 \cdot \varepsilon \tag{3-43}$$

式（3-43）也可表示为不等式：

$$F_{X_3} < F_{X_1} < F_{X_2}$$

上面不等式表明上凸形模型 S_2 得到沿纱线前进方向相反的最大摩擦力，因此，可推测模型 S_2 更有利于减少纱线毛羽，下凹形模型 S_3 得到沿纱线前进方向的最小摩擦力，因此，推测模型 S_3 对纱线毛羽的降幅最小。

O_1、O_2、O_3 沿 Y 轴的作用力可得出式（3-44）：

$$F_{Y_2} = F_{Y_1} + \Delta L_1 \cdot \varepsilon = F_{Y_3} + \Delta L_2 \cdot \varepsilon + \Delta L_1 \cdot \varepsilon \tag{3-44}$$

同样，式（3-44）也可表示为不等式：

$$F_{Y_3} < F_{Y_1} < F_{Y_2}$$

由上述不等式可知，上凸的形式沿垂直于纱线前进方向 Y 轴的作用力最大，也就是多重集聚纺纱系统在下杆上抬后纺纱段纱线在下杆和自适应调节盘之间形成上凸形式会增加对纱线外露毛羽的握持，会更有利于减少纱线毛羽，但是上凸形式沿纱线前进方向 X 轴的摩擦作用力同样为最大，重集聚纺纱系统中纱线所受到的捻阻同样会比较大，会对纱线条干和强力有影响

（表3-16）。模型S_2中纱线以上凸的形式通过静态下杆与自适应调节盘之间的活动缝隙时首先与下杆$O'_②$接触，下杆对纱线的作用力为F_{S_2}，方向如图3-31所示，由方向可判断是F_{S_2}阻碍纱线正常成形的作用力，可能是恶化条干的主要元凶。同样，纱线以S_3模型通过静态下杆和自适应调节盘时纱线与自适应调节盘最先接触，接触点为$O'_③$，纱线在$O'_③$受力为F_{S_3}，方向如图3-31所示，自适应调节盘可以自动上下调节，F_{S_3}方向是变化的，F_{S_3}对纱线的条干影响要小于F_{S_2}。

表3-16　根据模型得出的不同形式的接触形态对纱线质量的影响

接触形态	毛羽	强力	条干
S_1 平直	√√	√	√
S_2 上凸	√√√	√√√	××
S_3 下凹	√	√√	×

注　√表示改善纱线质量；×表示恶化纱线质量。

3.4.2　实验方法

为验证加装预集聚装置、集聚沟槽轮后，在自适应压持集聚式纺纱系统的基础上对纱线的改善效果更明显。同时对多重集聚式环锭光洁成纱理论模型进行实验验证，设计以下实验。

3.4.2.1　实验方案

实验要在标准纺纱车间进行，要求细纱机车台生产质量稳定，锭间差异小，选取六锭一节罗拉，在同锭同粗纱，同时要求纱管一致，所纺纱型均为中纱状态下，进行四组对照组实验。

第一组：环锭纺原纱。

第二组：下杆与纺纱段纱线平齐多重集聚式纺纱。

第三组：下杆上抬纺纱段多重集聚式纺纱。

第四组：下杆下移自适应张力盘下压纺纱段多重集聚式纺纱。

每组均在六个锭子上进行实验，取六锭管纱作为实验样品，对所有样品分组进行毛羽、条干、强力标准化测试，然后对比实验结果得出结论。

3.4.2.2　实验装置搭建

多重集聚装置包括预集聚装置、槽式集聚装置和盘式集聚装置。预聚集装置和槽式集聚装置同 3.2.2.2。本组实验是纱线 9.8tex（60 英支）纯棉纱线，选用开口为 2.0mm 的集棉器和开口为 0.5mm 的旋转集聚沟槽轮。

　　为了给集聚沟槽轮在成纱区预留空间，需将盘式集聚装置重新设计，特别是自适应调节盘的形态以及集聚下杆的固定形式。

　　为轻量化、精巧化多重集聚纺装置，将自适应调节盘在尺寸上进行小幅度缩小，如图 3-32 所示，组合式多重集聚纺纱是组合式纺纱，盘式集聚装置为给集聚沟槽轮留出足够空间必须将集聚盘外径由 21mm 缩小为 19mm，中孔深度最大限度加深，由 1.4mm 增加为 2.0mm，为纱条左右横向移动提供更大空间，总厚度在保证重量不变情况下尽量减少，由 3.0mm 减少为 2.4mm，更利于运转清洁。

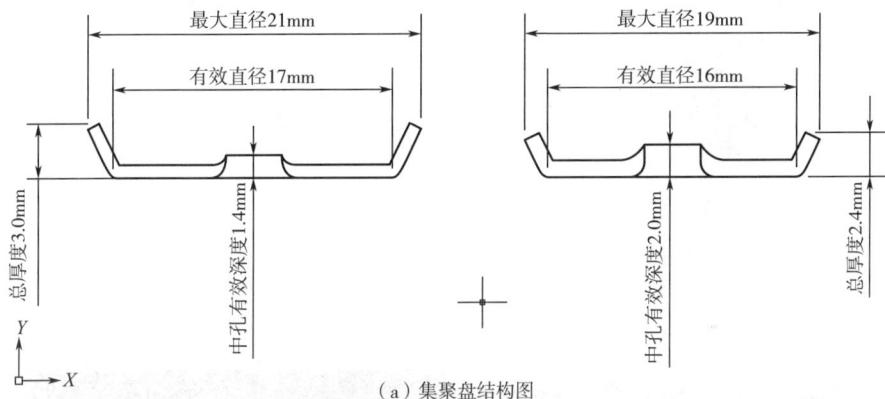

（a）集聚盘结构图

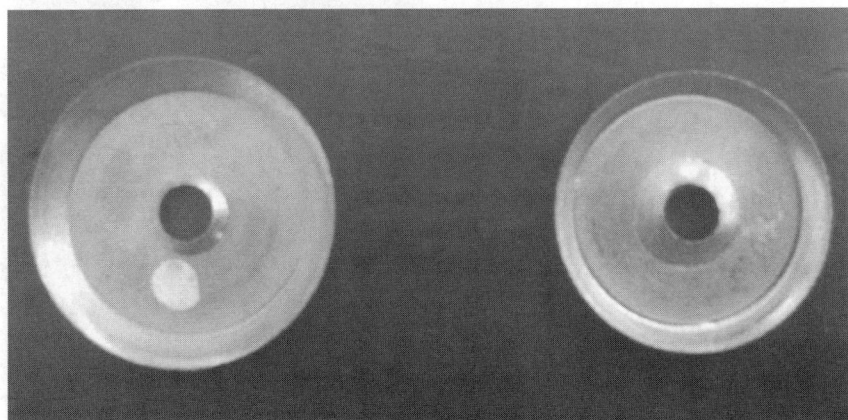

（b）集聚盘实物

图 3-32　集聚盘

盘式集聚装置（图3-33）中自适应调节盘通过自适应调节盘吊杆自由安装在集聚下杆上，集聚下杆固定在可调式底座上。

组合式集聚装置是集聚沟槽轮与下杆的配合组装，底座固定在罗拉座上，需在罗拉座前打孔，底座与罗拉座尺寸相配套设计，底座中心通孔可上下精确滑动+2mm和-2mm，底座如图3-34（a）所示。图3-34（b）中箭头表示底座上与静态下杆组装的槽子。

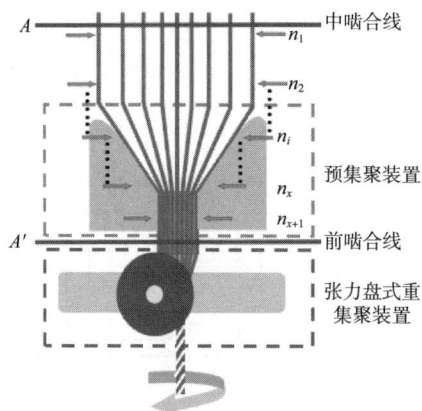

（a）盘式集聚装置　　　　　　　　（b）盘式集聚装置实物图

图3-33　盘式集聚装置

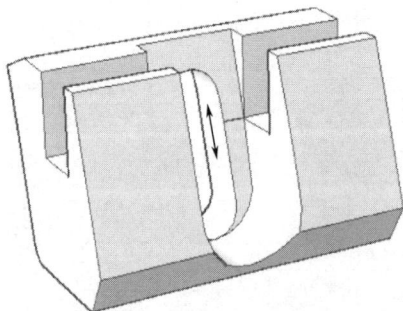

（a）组合式集聚装置可调式底座设计图　　　（b）组合式集聚装置可调式底座实物图

图3-34　组合式集聚装置可调式底座

　　静态下杆在底座槽子上的安装实物图，如图 3-35 所示，静态下杆在底座槽子上的安装为可拆卸式紧配合安装，通过调节静态下杆两端与底座槽的配合角度调节静态下杆上表面的角度与纺纱段纱线平齐。

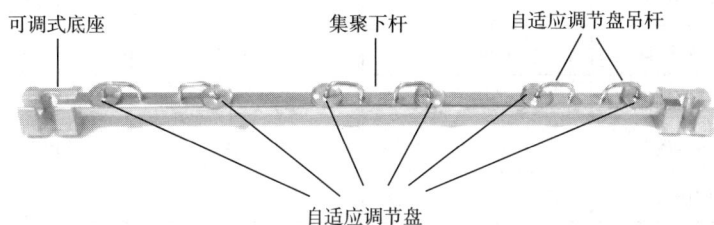

图 3-35　静态下杆在底座上安装实物图

3.4.2.3　实验参数及纺纱实验步骤

　　在经纬 F1508 机型上纺 9.8tex（60 英支）纯棉纱线，测量纺纱段的斜角为 61°，在罗拉座上固定静态下杆底座，静态下杆与纺纱段纱线平齐，静态下杆上表面倾斜角度同为 61°，静态下杆距离槽式集聚装置 6mm。如图 3-36 所示。

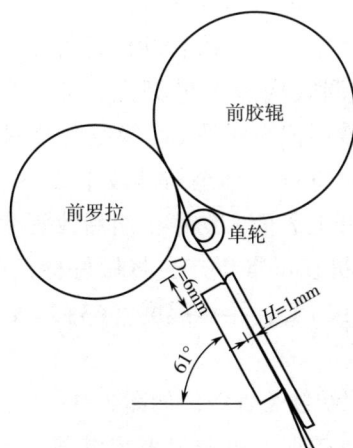

图 3-36　单轮及盘式集聚装置上机安装示意图

　　在标准化生产车间进行实验，根据车间实际情况，在固定好多重集聚纺的经纬细纱机上进行多重集聚纺纱实验，纺纱工艺参数见表 3-17。

表 3-17 实验工艺参数

项目	参数	项目	参数
细纱机型号	经纬 F1508	锭速	17227r/min
粗纱定量	665tex	捻度	1325 捻/m
前罗拉线速度	13m/min	捻系数	413
前罗拉前冲刻度	刻度 8	钢丝圈型号	690317/0
后牵伸倍数	1.35	钢领型号	PG1-3854
主牵伸倍数	50.8		

纺制 9.8tex（60 英支）纯棉纱线，粗纱定量为 665tex，在经纬 F1508 机型上为三罗拉双胶圈牵伸，理论上总牵伸倍数为 67.86 倍即可，但是牵伸过程中须条和胶圈有相对滑移，滑溜率为 1.05%，因此设定机械总牵伸倍数为 68.58 倍，正常生产锭速为 17227r/min，速度较高，生产效率也较高。

实验步骤：选取六锭正常纱锭，要求粗纱为中大卷，锭子无歪斜，校正钢领、锭子和导纱钩的"三同心"，牵伸部分无集花，换新钢丝圈钢领，换空纱管纺六锭原纱，管纱标记为样品 A，加装多重集聚纺纱装置，集聚下杆与纺纱段纱线平齐。纺第一组后改管纱标记为样品 B，取纱并换空管重新更换新钢丝圈，调节可调式底座至最高点，即将集聚下杆上抬挑起纱线 2mm。纺第二组后改管纱标记为样品 C，换空管及钢丝圈，再次调节可调式底座至最低点，即将集聚下杆下移至纺纱段下 2mm 处。集聚盘因重力作用将纺纱段下压至集聚下杆上表面。纺第三组后改管纱标记为样品 D，卸下装置将试验锭位恢复原来状态正常生产，将做好标记的样品 A、B、C、D 在标准状态下［温度（20±2）℃，相对湿度（65±2）%］放置 24h 后对纱线进行表征。

实验过程中多重集聚纺纱装置纺纱如图 3-37 所示。移动下杆后在相同的角度对多重集聚装置进行拍照，可明显看出纱线与下杆的接触状态为平直、上凸、下凹。

3.4.2.4 纱线性能与结构测试

测试项目与测试参数见表 3-18。

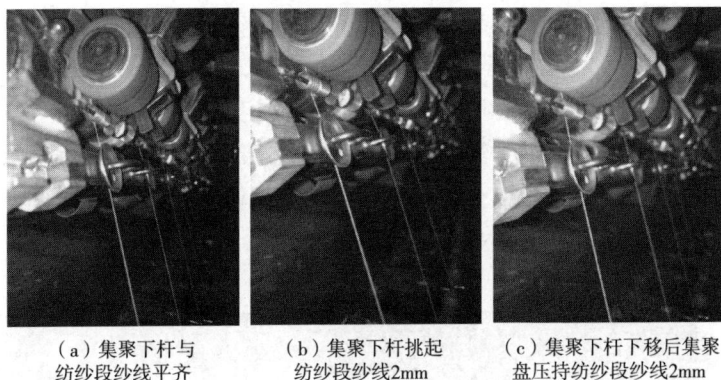

(a) 集聚下杆与　　　　(b) 集聚下杆挑起　　　(c) 集聚下杆下移后集聚
纺纱段纱线平齐　　　　纺纱段纱线2mm　　　　盘压持纺纱段纱线2mm

图 3-37　多重集聚纺纱实验图

表 3-18　纱线测试参数

测试项目		参数
毛羽	片段长度	10m
	测试次数	10 次
	测试速度	30m/min
强力	夹持长度	500mm
	测试速度	500mm/min
	测试次数	10 次
条干	测试速度	400m/min
	测试时间	1min
	测试次数	1 次

纱线毛羽的测试：本实验采用 YG172A 纱线毛羽测试仪对纱线毛羽进行测试，每管纱线测试 10 次，每次的测试片段长度为 10m，测试速度为 30m/min，测试结果为 10 次实验数据的平均值。

纱线强力的测试：采用 YG020A 电子单纱强力测试仪对纱线的强力进行测试，每管纱线测试 10 次，每次夹持纱线的长度为 500mm，拉伸方式为定速拉伸，速度为 500mm/min。每管纱线测试完后取 10 次数据的平均值。

纱线条干的测试：本实验采用 YG179 条干均匀度测试仪测试纱线的条干，每管纱线测试 1 次，测试的长度为 400m，测试速度为 400m/min。同时也要记录纱线的粗细节情况。

对不同纺纱方式的多重集聚纺纱线的结构表征，采用奥林巴斯视频显微镜 DSX510 拍摄纱线样品的表面形貌。拍摄之前，将四组不同纺纱方法所纺纱线进行随机截取样品，将所取样品用双面胶固定在金属圆台上，使用操纵杆将其移入电动变焦镜头下，最后，使用全景拍摄对样品用视频显微镜进行拍摄，观察纱线长片段的形貌，同时使用视频显微镜的暗场模式（图 3-38）对每个样品局部进行拍摄形成对比图。

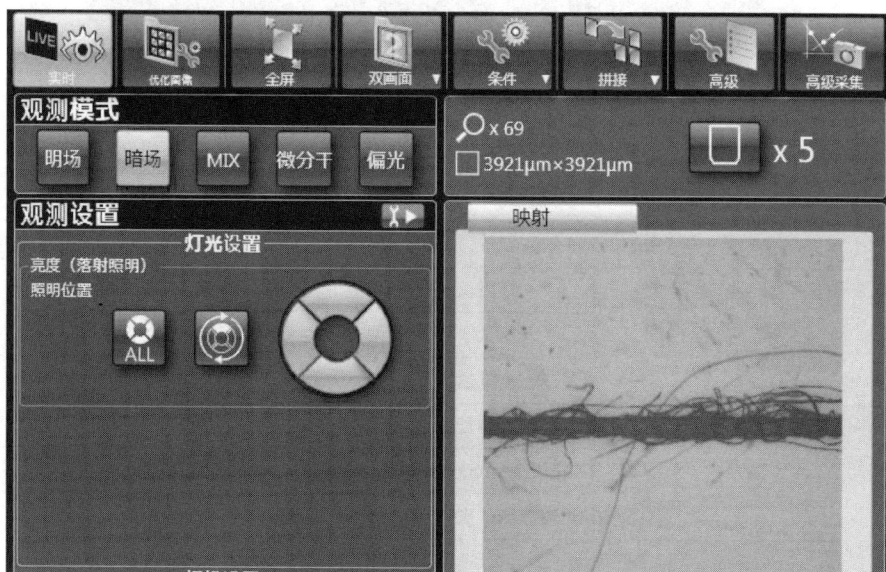

图 3-38 奥林巴斯视频显微镜 DSX510 操作界面暗场模式

3.4.3 结果与分析

通过分析多重集聚式环锭光洁纱线结构成形机理，建立纱线成形过程中不同集聚下杆挑纱高度下的纱线受力模型并进行分析，对理论模型进行验证性实验，通过实验及标准测试得出以下结果。

3.4.3.1 毛羽性能结果与分析

如图 3-39 所示，纱线毛羽数随纱线毛羽的长度增加而减少，与原纱对比试样 C 组纱线长毛羽降幅最大，尤其是对大多数企业最关注的 3mm 长度的毛羽降幅达 87.6%，而大于等于 3mm 的毛羽降幅达 88.9%，对 1mm 和 2mm 短毛羽降幅只有 64.4%，说明多重集聚纺纱方式大幅降低纱线长毛羽的同时保留了有益的短毛羽，集聚下杆上抬后挑起纺纱段纱线的多重集聚纺纱效果最佳。

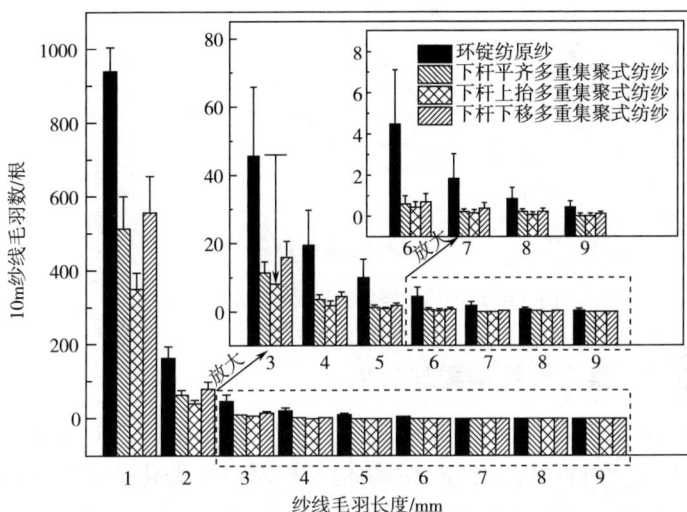

图 3-39　不同纺纱方式下的毛羽对比

　　长毛羽对环锭纺纱线而言有害无益，而短毛羽对纱线而言却是有益的，短毛羽可以有效减少纺纱过程中纱线与钢丝圈的摩擦，对纱线与导纱钩及钢丝圈的摩擦起到润滑作用。

　　从图 3-40 中可以看出，安装多重集聚纺纱装置对减少纱线毛羽都是有效的，且降幅随着毛羽长度的增加而增加，分析数据可得，集聚下杆平齐纺纱段纱线时，多重集聚纺纱减少短毛羽 47.6%，而减少 3mm 及以上的毛羽 79.6%；集聚下杆抬起纺纱段纱线时多重集聚纺纱减少 3mm 以下短毛羽 64.4%，而对 3mm 及以上的毛羽降幅达 88.9%；集聚下杆下移自适应调节盘下压纺纱段纱线时多重集聚纺纱减少短毛羽 42.3%，而减少 3mm 及以上的长毛羽 71.6%。综合对比三种情况下的多重集聚纺纱毛羽测试结果，说明多重集聚纺纱对减少长毛羽效果在 60% 以上，而保留短毛羽也在 50% 以上，最佳降低长毛羽的效果为集聚下杆挑纱时达 88.9%，最佳保留短毛羽的效果为集聚下杆下移自适应调节盘下压纺纱段时保留有益毛羽达 57.7%。

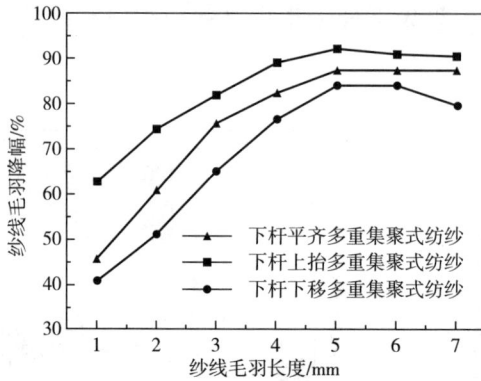

图 3-40　不同纺纱方式下的毛羽降幅对比

3.4.3.2　条干性能结果与分析

由条干 CV 值柱状图（图 3-41）可看出，集聚下杆平齐纱线可降低条干 CV 值，与增加对纱线成形过程中微结构的控制避免恶化条干的机理相符，集聚下杆平齐纺纱段纱线时自适应压持集聚装置对纺纱段纱线的调节作用最稳定，对纱线粗节降低的降幅达 46.6%，对细节也有改善（表 3-19）。

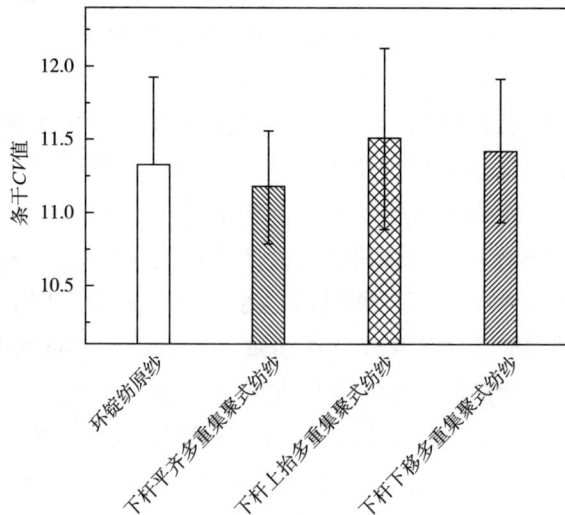

图 3-41　不同纺纱方式下的条干 CV 值

表 3-19 不同纺纱方式下的纱线粗细节

纺纱方式	环锭纺原纱（A）			下杆平齐多重集聚式纺纱（B）			下杆上抬多重集聚式纺纱（C）			下杆下移多重集聚式纺纱（D）		
	细节 -50%/ (个/km)	粗节 +50%/ (个/km)	棉结 +200%/ (个/km)	细节 -50%/ (个/km)	粗节 +50%/ (个/km)	棉结 +200%/ (个/km)	细节 -50%/ (个/km)	粗节 +50%/ (个/km)	棉结 +200%/ (个/km)	细节 -50%/ (个/km)	粗节 +50%/ (个/km)	棉结 +200%/ (个/km)
1	25	25	75	15	15	85	20	50	105	30	50	120
2	15	45	65	20	25	80	65	60	130	25	60	140
3	15	45	95	30	5	65	15	15	65	15	25	85
4	25	75	75	30	40	110	50	70	70	45	45	85
5	25	30	105	20	30	105	30	60	150	15	35	70
6	45	80	135	40	45	85	40	55	110	40	50	125
平均值	25.0	50.0	91.7	23.3	26.7	88.3	36.7	51.7	105.0	28.3	44.2	104.2

集聚下杆挑起纺纱段纱线和集聚下杆下移低于纺纱段纱线对纱线条干 CV 值的影响都是恶化的。分析集聚下杆挑起纱线恶化纱线条干的原因：下杆上抬后，纱线与动态集聚沟槽的包围弧要增加，纱线与动态集聚沟槽的摩擦增大，且纱线与集聚下杆形成下压的张力，纱线与下杆的滑动摩擦力增加，阻碍了捻度由导纱钩往前钳口传递，纱线在集聚沟槽中的集聚方式由自由握持变为两端强行握持，集聚对纱线造成附加牵伸，动态集聚沟槽对纱线强制性集聚，与纱线毛羽减少幅度最大相符合；集聚下杆下移后低于纺纱段纱线，自适应压持式集聚装置中自适应调节盘压持纺纱段纱线，纺纱段纱线与自适应调节盘的边缘形成切向的作用力，不利于捻度的传递，最终导致条干恶化。

集聚下杆位置对多重集聚纺纱纱线粗细节影响较大，只有当集聚下杆平齐纺纱段纱线时多重集聚纺纱纱线的粗细节改善，集聚下杆抬高或降低对多重集聚纺纱线的粗细节及棉结都有影响，所以在生产中集聚下杆的位置很重要，直接影响了多重集聚纺纱线的粗细节和棉结，集聚下杆要与纺纱段平齐。

3.4.3.3 拉伸性能结果与分析

纱线拉伸断裂强力结果如图 3-42 所示，在所有纱线样品中，集聚下杆挑起纺纱段的多重集聚纺纱线具有最高的拉伸断裂强力，相比较传统环锭纺原纱的拉伸断裂强力，集聚下杆挑起纺纱段的多重集聚纺纱线提高 5.7%，与集聚下杆挑起纺纱段纱线的多重集聚纺纱线毛羽降幅最大的结果相对应，这是因为用集聚下杆和自适应调节盘压持作用将外露在纱线表面的长毛羽重新缠绕在纱线上，毛羽的重新缠绕对纱线断裂强力有改善作用，毛羽的重新缠绕使纤维的利用率更高。

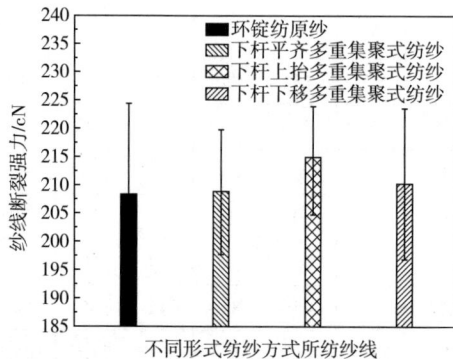

图 3-42 纱线拉伸断裂强力对比

　　集聚下杆平齐于纺纱段纱线的形式下，多重集聚纺纱线拉伸断裂强力与原纱持平，没有明显改善，但是集聚下杆平齐纺纱段纱线所纺多重集聚纺纱线的断裂强力偏差减小明显，主要原因是集聚下杆平齐纺纱段后自适应调节盘与集聚下杆形成稳定的缝隙将顺了纺纱段纱线的表层纤维，减少了纱线断裂强力不匀。
　　集聚下杆低于纺纱段纱线多重集聚纺纱线相比较传统环锭纺原纱拉伸断裂强力提高 1.77%，而且断裂强力波动误差值也降低，断裂伸长也有改善（表 3-20）。

表 3-20　不同纺纱方式下的纱线拉伸性能

试验样品	环锭纺原纱（A）		下杆平齐多重集聚式纺纱（B）		下杆上抬多重集聚式纺纱（C）		下杆下移多重集聚式纺纱（D）	
	断裂强力/cN［标准偏差］	断裂伸长率/%［标准偏差］	断裂强力/cN［标准偏差］	断裂伸长率/%［标准偏差］	断裂强力/cN［标准偏差］	断裂伸长率/%［标准偏差］	断裂强力/cN［标准偏差］	断裂伸长率/%［标准偏差］
1	106.40［15.85］	3.80［21.55］	104.70［8.99］	3.40［11.84］	117.80［8.02］	3.90［14.16］	107.30［9.17］	3.70［9.22］

续表

试验样品	环锭纺原纱（A）		下杆平齐多重集聚式纺纱（B）		下杆上抬多重集聚式纺纱（C）		下杆下移多重集聚式纺纱（D）	
	断裂强力/cN［标准偏差］	断裂伸长率/%［标准偏差］	断裂强力/cN［标准偏差］	断裂伸长率/%［标准偏差］	断裂强力/cN［标准偏差］	断裂伸长率/%［标准偏差］	断裂强力/cN［标准偏差］	断裂伸长率/%［标准偏差］
2	103.00［11.72］	3.60［10.14］	116.20［13.94］	3.70［12.23］	118.30［12.35］	3.80［10.21］	109.10［12.14］	3.70［10.06］
3	118.70［13.80］	4.50［13.40］	110.80［10.23］	4.30［13.65］	118.00［15.72］	4.20［18.39］	117.40［12.31］	4.30［26.42］
4	113.60［9.42］	3.70［10.43］	115.50［12.57］	3.70［9.32］	113.20［10.47］	4.00［16.33］	118.70［16.20］	3.90［15.85］
5	99.20［9.11］	3.70［9.05］	97.00［11.59］	3.60［15.53］	113.00［7.04］	4.00［9.19］	105.00［11.63］	3.70［14.32］
6	109.60［14.53］	3.60［16.69］	109.30［15.71］	3.90［14.77］	109.60［13.11］	3.90［15.8］	104.70［14.18］	3.80［15.39］
均值	108.42［15.95］	3.82［16.19］	108.92［11.09］	3.77［11.18］	114.98［10.18］	3.97［12.03］	110.37［13.40］	3.85［16.20］

通过对比集聚下杆在纺纱段纱线不同位置的多重集聚纺纱纱线的拉伸断裂性能，发现集聚下杆挑起纱线 2mm 时纱线断裂强力提高最多，增幅为 5.7%，且通过整体数据对比发现，多重集聚纺纱断裂强力的标准偏差降低，即多重集聚纺纱缩小了纱线拉伸断裂强力的波动。

3.4.3.4　纱线结构结果与分析

在奥林巴斯视频显微镜下的纱线样本照片如图 3-43 和图 3-44 所示。从奥林巴斯视频显微镜纱线全景图可看出，原纱长毛羽较多，三组多重集聚纺纱长毛羽较少，集聚下杆平齐和下移的形式中有少许长毛羽贴服在纱线主干上。

对纱线进行更高倍数的光学显微镜进行局部拍摄，如图 3-44 所示。从局部图可看出，普通环锭纺纱线表层纤维包缠不紧，伸出在纱线主干外的纤维末端较多，毛羽多，如图 3-44（a）所示，而多重集聚纺纱线表面比较光洁；图 3-44（b）为集聚下杆平齐纺纱段纱线的多重集聚纺纱线，表层纤维相对原纱有缠绕，纱体表面有些许短毛羽为有益毛羽；图 3-44（c）为集聚下杆上

观测法:BF+DF
图像类型:彩色快照
图像尺寸/像素: 3241×1216
图像尺寸/μm: 11012×4132
物镜: MPLFLN5XBDP
变焦: 1×

（a）环锭纺原纱

（b）集聚下杆平齐多重集聚纺纱

（c）集聚下杆抬起多重集聚纺纱

2mm

（d）集聚下杆下移多重集聚纺纱

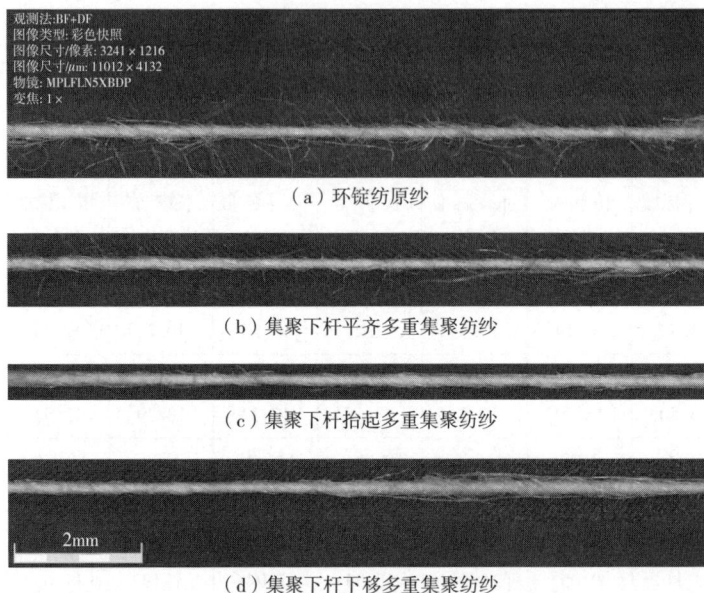

图 3-43　不同纺纱方式的多重集聚纺纱线视频显微镜全景图

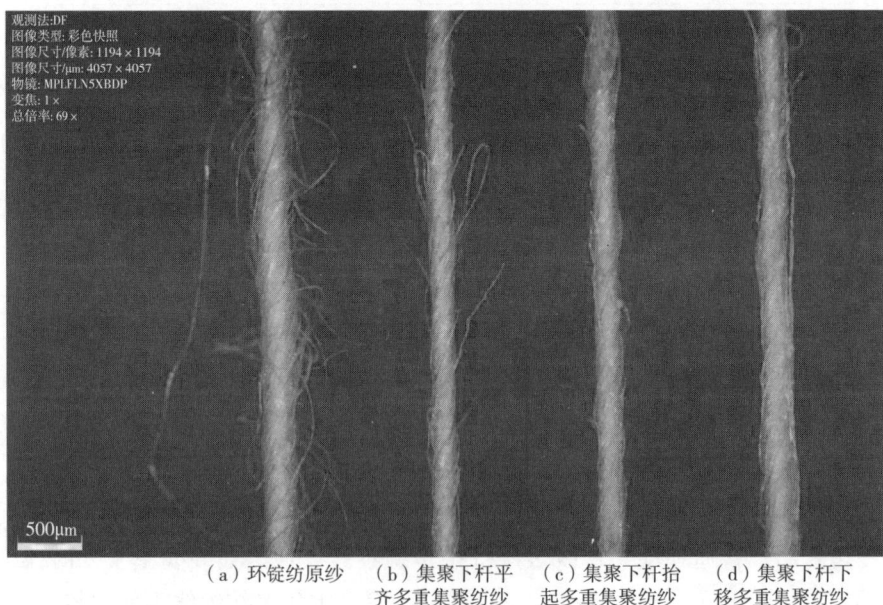

观测法:DF
图像类型:彩色快照
图像尺寸/像素: 1194×1194
图像尺寸/μm: 4057×4057
物镜: MPLFLN5XBDP
变焦: 1×
总倍率: 69×

500μm

（a）环锭纺原纱　（b）集聚下杆平齐多重集聚纺纱　（c）集聚下杆抬起多重集聚纺纱　（d）集聚下杆下移多重集聚纺纱

图 3-44　不同纺纱方式的多重集聚纺纱线光学显微镜局部图

抬挑起纺纱段纱线的多重集聚纺纱线，其表层较紧地缠绕在纱线主干上，是毛羽重新被捻入纱体所形成的，纱线上仍然有些许短毛羽为纱线提供润滑作用，为有益毛羽；图 3-44（d）为集聚下杆下移多重集聚纺纱线，其表层有长毛羽附着，下杆下移后自适应调节盘下压，以自适应调节盘的自重压在纺纱段上，对纱线毛羽起到了捋顺再加捻的作用，由于纺纱速度为 13m/min，纺纱速度较快，自适应调节盘为保证纱线不断头重量不能太重，实验中选用的是 2.0g 自适应调节盘。

从多重集聚纺纱线的结构表征中可以看出，纱线表面毛羽被多重集聚纺纱装置捋顺后重新被加捻，毛羽被重新捻入纱体，验证了多重集聚纺纱理论成立，多重集聚纺纱可降低环锭纺纱线毛羽，改善纱线品质。

3.5　本章小结

在环锭纺纱成纱区加装集聚纺纱装置，在纱条未完全成纱之前进行集聚处理，促使外露纤维头端重新捻入纱体，实现降低成纱毛羽的目的。传统环锭纺纱过程中，纤维头端离开前罗拉和前皮辊的握持后，呈自由状态，随着纺纱继续进行，自由外露纤维头端无法再次进行转移进入纱体，只能外露纱体表面形成毛羽。为解决这一部分毛羽的产生，在主牵伸区内，在靠近前罗拉和前皮辊组成的前啮合线加装预集聚装置缩窄从前钳口输出的须条宽度，减少呈自由状态的纤维根数从而减少外露纤维头端改善纱线毛羽。采用动态沟槽集聚装置进行实验，在纺纱段对纱线毛羽提供微弱的握持力可以改善纱线质量，动态集聚沟槽可以减少纱线毛羽，略微提高纱线强力，动态集聚沟槽不恶化纱线条干，解决了静态集聚沟槽因为摩擦过大恶化条干的问题，动态集聚沟槽可以用于产业化规模应用，提高纱线品质。本章详细阐述了沟槽集聚纺纱方法的原理，建立了沟槽集聚的力学模型，并对纱线在静态集聚沟槽和动态集聚沟槽中的受力情况进行力学计算，并进行理论分析，为验证理论分析设计实验进行验证，对实现该方法的动态和静态集聚沟槽装置进行了设计，说明了集聚沟槽装置的各组成部分及其功能和特点。

在纯棉 14.6tex（40 英支）品种上进行集聚沟槽的实验，对比了原纱、动态集聚沟槽、静态集聚沟槽对纱线性能的影响，对纱线结构、纱线毛羽、纱线条干和纱线的拉伸性能进行了对比分析，验证了集聚沟槽的力学模型和分析是正确的。动态集聚沟槽可以降低纱线 3mm 毛羽 33% 左右，略微提高纱线强力，动态集聚沟槽不恶化纱线条干，解决了静态集聚沟槽因为摩擦过大恶化条干的问题，动态集聚沟槽可以提高纱线品质，可以用于产业化规模应用。

采取理论联系实际的方式，对纱线成形过程中的毛羽进行建模，并根据模型对纱线毛羽受力进行分析，得出纱线毛羽在加捻过程中受力很小的结论。为增加对纱线成形过程中毛羽的握持作用，引入接触面下杆和自适应调节盘形成自适应压持集聚式纺纱系统，同时分析出通过增加外力可对纱线毛羽进行控制，改善纱线成形过程中微结构减少成纱毛羽且不恶化条干的机理，并设计实验验证理论。通过设计实验方案搭建实验装置，设计的三组纺纱方案纺制出相对应的纱线，对纱线进行表征，表征结果验证了所建纱线模型的正确性和理论分析的正确性。自适应压持集聚式纺纱系统可以降低环锭纺棉纱管纱 3mm 毛羽 62.6%，并不恶化纱线条干，对纱线强力作用不显著。设计加工出成熟的自适应压持集聚纺纱装备，同时实现纱线毛羽的稳定降低，并进行大面积装车，实现产业化生产。

重点分析了集聚下杆在纺纱段不同高度对多重集聚效果的影响，通过建立模型，对模型进行力学分析；同时结合纺纱理论，对集聚下杆在纺纱段不同高度对多重集聚效果的影响进行分析；同时使用对照试验进行验证理论。通过设计实验方案搭建实验装置，设计四组纺纱方案纺制出相对应的纱线，对纱线进行表征，表征结果验证了所建纱线受力模型的正确性和理论分析的正确性。通过理论分析，实验论证理论再指导生产，在生产过程中由于导纱钩有上下动程，动态集聚沟槽在纺纱三角区处于敏感区域，自适应压持式集聚装置在纺纱加捻三角区，起到压持集聚的同时调控纺纱三角区，同时自适应压持式集聚装置中的集聚下杆位置应与导纱钩的上下动程相适应，在纺纱小纱导纱钩最高点时集聚下杆与纺纱段纱线平齐，即从小纱到大纱导纱钩逐渐上升，自适应压持式集聚装置对纱线的压力靠自适应调节盘的重力起作用，自适应调节盘稳定了纺纱段张力，固化了多重集聚在实际生产中的效果。

在动态沟槽式集聚和自适应压持式集聚的基础上，在三角区加装集聚槽集聚与自适应压持集聚系统组合，形成多重集聚式纺纱系统，多重集聚纺纱在纱线成形过程中使用机械外力对纱线结构进行调控，预集聚装置缩小从前钳口输出的须条宽度从而缩小加捻三角区的宽度，同时在纺纱加捻三角区使用动态集聚沟槽进行第二重集聚对纺纱三角区进行重构，形成新的逐步缩小的纺纱加捻三角区，在纺纱段加装自适应压持式集聚装置形成第三重集聚，第三重集聚捋顺毛羽同时控制捻度传递。"微重聚+旋转式沟槽轮重聚+自适应压持重聚"形成串联半开放式有序收紧集聚纤维的方法，量化式的对外层纤维精准控制，分层、有序、精准控制边缘纤维，所纺纱线结构外紧内松且转移充分。相比较传统环锭纺，多重集聚纺纱线可降低纱线 3mm 毛羽 87.6%，提高纱线断裂强力 5.7%。

第4章

多重集聚式环锭光洁纺纱的
性能优势

4.1 纱线络筒后性能对比分析

　　络筒工序是将小卷装的管纱经络筒机卷绕成大卷装的筒子纱，卷装大小直接影响后道工序中的产量和生产效率，一管 9.8tex（60 英支）细纱总长度只有 6000m，不足以织造一块完整布面，所以管纱必须要经过络筒工序，将管纱以一定的张力卷绕到筒子上形成大卷装用于后道工序，但是络筒工序是纱线毛羽增加最多的工序，其毛羽控制关键是避免细纱工序产生的毛羽在该工序进一步恶化。纱线毛羽不但会影响纱线本身的表面粗糙度和纱线强力，还会影响后道工序的顺利进行。过多的毛羽会影响布面的质量，还会造成纱线和坯布的染色差异，使印染后的织物不具备光洁、滑爽和清晰的风格，严重影响最终产品的外观质量。因此，降低络纱毛羽已成为企业关注的焦点问题之一，已引起人们的广泛重视，减少络筒纱线毛羽是提高后道工序生产效率的关键。络筒工序中，络筒速度和络筒张力是络筒工序影响纱线毛羽的两个最主要的因素。

　　多重集聚纺纱可以大幅度降低细纱管纱长毛羽，但是在络筒工序中纱线毛羽是否会被络出来是多重集聚纺纱应用企业最为关心的问题之一，所以纱线耐络筒性也是多重集聚纺纱线能否真正投入生产中的一大关键，因此为寻求多重集聚纺纱线的最佳络筒工艺进行进一步实验。

4.1.1　多重集聚纺纱线与环锭纺纱线络筒前后性能对比

　　一般来说，毛羽产生于细纱工序，增长于络筒工序；在细纱工序上使用多重集聚纺纱技术大幅度降低了纱线毛羽，但是在络筒工序多重集聚纺纱线毛羽会不会大幅度增长，为研究这一问题，在相同的条件下，针对环锭纺管纱和多重集聚纺管纱进行络筒后的筒纱对比实验。

络筒工艺为企业车间正常生产的工艺，9.8tex（60英支）纯棉细纱管纱在村田 NO.21C-S 络筒机上络筒，络筒速度为 1200m/min。为保证管纱到筒纱的一一对应和对照组的一致性，实验时关闭络筒机的电清程序，同时在络筒机上设置单根管纱络筒长度为 3000m 进行筒纱测试对比，剩余半根管纱约3000m 留样进行对比测试。

对所取管纱和筒纱样品在标准试验室［温度为（20±2）℃，相对湿度为（65±2）%］存放 24h 以上再对样品进行毛羽、条干、强力的标准化测试，纱线测试参数设置见表 4-1。

表 4-1　纱线测试参数

测试项目		参数
毛羽	仪器型号	YG172A
	片段长度	10m
	测试次数	10 次
	测试速度	30m/min
强力	仪器型号	YG029GK
	夹持长度	500mm
	测试速度	500mm/min
	测试次数	10 次
条干	仪器型号	USTER4-SX
	测试速度	400m/min
	测试时间	1min
	测试次数	1 次

多重集聚纺纱线对 9.8tex（60英支）纯棉管纱长毛羽降幅为 80% 左右，最高可达 87.7%，对该批次多重集聚纺管纱进行络筒实验，对多重集聚纺和环锭纺络筒后的筒纱进行再次测试，对比管纱毛羽降幅和筒纱毛羽降幅如图4-1 所示。

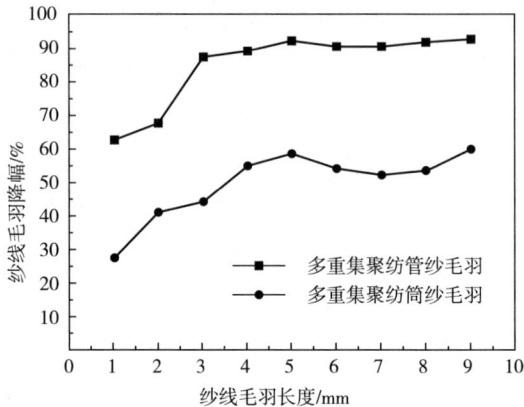

图 4-1　多重集聚纺纱线毛羽降幅

纱线毛羽降幅公式为式（4-1）：

$$\eta = \frac{m - n}{m} \times 100\%$$

(4-1)

式中，η 表示多重集聚纺毛羽降幅；m 表示普通环锭纺原纱毛羽数；n 表示多重集聚纺纱线毛羽数。

对比多重集聚纺纱线筒纱毛羽降幅与管纱毛羽降幅，3mm 毛羽多重集聚纺管纱毛羽降幅为 87.7%，多重集聚纺筒纱毛羽降幅为 44.4%。多重集聚纺筒纱毛羽降幅比多重集聚管纱而言明显减少，多重集聚纺筒纱长毛羽降幅不到 50%。

进一步对比多重集聚纺毛羽数和普通环锭纺毛羽数，如图 4-2 所示，多重集聚纺纱筒纱 3mm 毛羽增幅为 9 倍，而普通环锭纺筒纱 3mm 毛羽增幅不到 2 倍，多重集聚纺纱络筒的毛羽增长倍数大于普通环锭纺纱线。而多重集聚纺和普通环锭纺的毛羽增长根数相差不大，普通环锭纺 3mm 毛羽络筒增长根数为 32.5 根，多重集聚纺纱线 3mm 毛羽络筒增长根数为 39.0 根。

在普通环锭纺的络筒工艺下，多重集聚纺络筒后的筒纱毛羽相比较原纱络筒后的筒纱，长毛羽仍有降低，但是降幅不大。由于多重集聚纺纱线外紧内松的特殊纱线结构，在普通环锭纺纱线络筒时，络筒速度和张力都是适合普通环锭纺纱线结构的络筒工艺，相比较多重集聚纺纱线所需络筒工艺，络筒张力过大，速度过快，因此多重集聚纺纱需配套合适的络筒工艺参数。

络筒工序有两大作用，一是接长纱线；二是去除纱疵。由于实验对比需要关闭去除纱疵的功能，在同样条件下对比多重集聚纺和环锭纺筒纱的条干

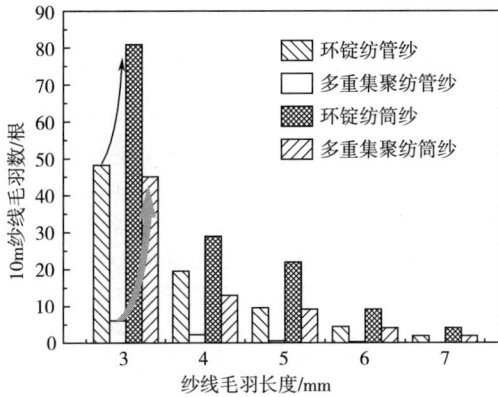

图 4-2　多重集聚纺纱线和普通环锭纱线毛羽对比

均匀度和强力变化情况。

　　多重集聚纺和环锭纺筒纱的条干 *CV* 值对比如图 4-3 所示，图中多重集聚纺管纱条干 *CV* 值明显降低，多重集聚纺改善了管纱条干，但是经过络筒后多重集聚纺筒纱条干恶化严重，与环锭纺筒纱 *CV* 值持平，关闭络筒机的去纱疵电清后，环锭纺纱线经络筒条干 *CV* 值略有增加，而多重集聚纺纱线经过络筒后条干 *CV* 值明显恶化，其原因在于络筒过程中多重集聚纺纱线表层纤维缠绕在纱干上经过较大张力的作用，多重集聚纺纱线对外层纤维的握持作用减弱，在强摩擦作用下使其条干恶化，所以多重集聚纺纱线必须在配套的络筒工艺条件下进行。

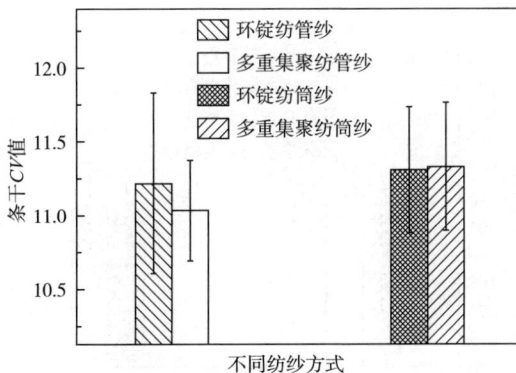

图 4-3　多重集聚纺纱线条干 *CV* 值对比

多重集聚纺纱线粗细节见表4-2，明显看出多重集聚纺筒纱细节相对于同条件下的普通环锭纺筒纱由 32.0 个/km 增加至 35.8 个/km，而多重集聚纺管纱细节却是改善的，验证了络筒工序对纱线的摩擦破坏了纱线致密的表层结构。强力测试结果如图4-4所示，更是证明了络筒对多重集聚纺纱线的影响大于普通环锭纺。

表 4-2　多重集聚纺纱线粗细节对比

| 项目 | 管纱 | | | | | | 筒纱 | | | | | |
| | 传统环锭纺原纱 | | | 多重集聚纺 | | | 传统环锭纺原纱 | | | 多重集聚纺 | | |
	细节 -50%/ (个/ km)	粗节 +50%/ (个/ km)	棉结 +200%/ (个/ km)	细节 -50%/ (个/ km)	粗节 +50%/ (个/ km)	棉结 +200%/ (个/ km)	细节 -50%/ (个/ km)	粗节 +50%/ (个/ km)	棉结 +200%/ (个/ km)	细节 -50%/ (个/ km)	粗节 +50%/ (个/ km)	棉结 +200%/ (个/ km)
1	30	30	55	25	20	60	22	40	105	55	50	135
2	25	65	45	20	25	60	30	45	130	40	60	140
3	15	55	85	25	15	55	25	55	105	20	65	110
4	25	60	75	20	40	80	55	70	90	30	70	150
5	25	40	105	25	45	105	25	60	140	40	80	135
6	35	40	115	25	55	75	35	75	155	30	70	100
平均值	25.8	48.3	80.0	23.3	33.3	72.5	32.0	57.5	120.8	35.8	65.8	128.3

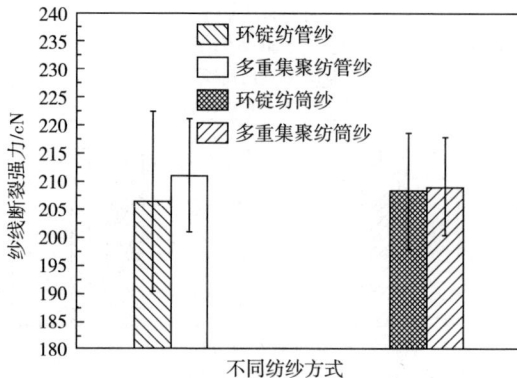

图 4-4　多重集聚纺纱线拉伸断裂强力对比

由多重集聚纺纱线络筒前后拉伸断裂强力对比可以看出，经过络筒后纱线强力误差棒减小，说明络筒可以改善纱线断裂强力波动。普通环锭纺经过合适的络筒工艺后纱线拉伸断裂强力略有改善，而多重集聚纺纱线的强力改善不明显。

由于多重集聚纺纱线外紧内松的特殊纱线结构，常规的络筒工艺对多重集聚纺纱线的破坏作用较大，所以对多重集聚纺纱线的络筒工艺进行研究是很有必要的。

4.1.2　络筒速度对多重集聚纺纱线性能的影响

在自动络筒机上，一般的络筒速度都为 800～1200m/min，自动络筒机作为织造前配套的关键设备，历来被织造厂所重视，筒纱质量的优劣严重影响织物的质量和织机的效率。因此，企业对筒纱的质量要求越来越高，要求筒纱的纱疵要少，筒纱的卷绕张力均匀，张力波动要小，最重要的是纱线毛羽要越少越好，避免由于毛羽过多而影响布面风格。

络筒速度对企业生产特别重要，络筒速度过低影响生产效率，络筒速度过高影响筒纱质量，合理合适的络筒速度对企业尤其重要。

多重集聚纺纱线特殊的纱线结构，必须要匹配合适的络筒工艺，在不同络筒速度下，对比环锭纺筒纱和多重集聚纺筒纱质量，选择合适的多重集聚纺络筒速度。

在村田 NO.21C-S 络筒机上设定不同络筒卷绕速度为 800m/min、900m/min、1000m/min、1100m/min、1200m/min，对多重集聚纺纱线和环锭纺纱线进行络筒，测试筒纱 3mm 毛羽，结果如图 4-5 所示。

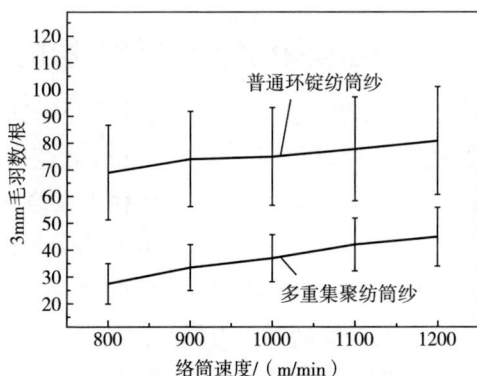

图 4-5　不同络筒速度的筒纱 3mm 毛羽对比

由图 4-5 可知，筒纱 3mm 毛羽随着络筒速度的增加而增多，络筒速度对纱线毛羽的影响不可忽略，对多重集聚纺而言，络筒速度越快，纱线毛羽增幅越大，在 800m/min 时，多重集聚纺筒纱 3mm 毛羽最少，而在络筒速度为 1000m/min 时多重集聚纺筒纱 3mm 毛羽比较稳定，毛羽波动最小。计算络筒后的多重集聚纺纱线毛羽降幅可得出多重集聚纺纱线在不同络筒速度下的 3mm 毛羽的降幅，如图 4-6 所示。

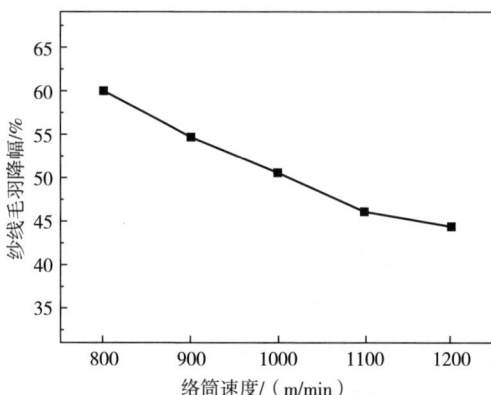

图 4-6　不同络筒速度的多重集聚纺筒纱 3mm 毛羽降幅

由图 4-6 可知，多重集聚纺纱线在络筒速度为 800～1000m/min 时，多重集聚纺筒纱 3mm 毛羽降幅在 50% 以上，速度最低为 800m/min 时，多重集聚纺纱线 3mm 降幅可达 60%，为保证企业生产效率，设定络筒速度为 1000m/min，此时多重集聚纺筒纱效果可以满足高档针织面料的需求。

4.1.3　络筒张力对多重集聚纺纱线性能的影响

络筒时，一定的张力是络筒卷装成形和清纱所必需的。理论和大量的实验表明，络筒速度的增加会使络筒张力增加。在较低速度时，由速度变化引起的络筒张力增加会使络筒张力波动减小，有利于在络筒过程中消除弱节，可以改善纱线的强力不匀；速度增加到一定值时，再增加络筒速度，会使络筒张力超过工艺允许范围，纱线塑形变形量增加，纱线与各个接触部件摩擦和撞击程度会加大，会引起纱线断裂强力降低，纱线强力不匀恶化。

络筒张力即络筒过程中纱线卷绕到筒子之前的张力，棉纱的络筒张力不超过其断裂强度的 15%～20%。络筒速度确定为 1000m/min 后，络筒张力主

要靠张力调节器调节（图 4-7），设置大、中、小三档络筒张力对 9.8tex（60
英支）纯棉纱线进行络筒，测试筒纱毛羽情况。结果显示，络筒张力以纱线
断裂强力的 13% 为最佳。

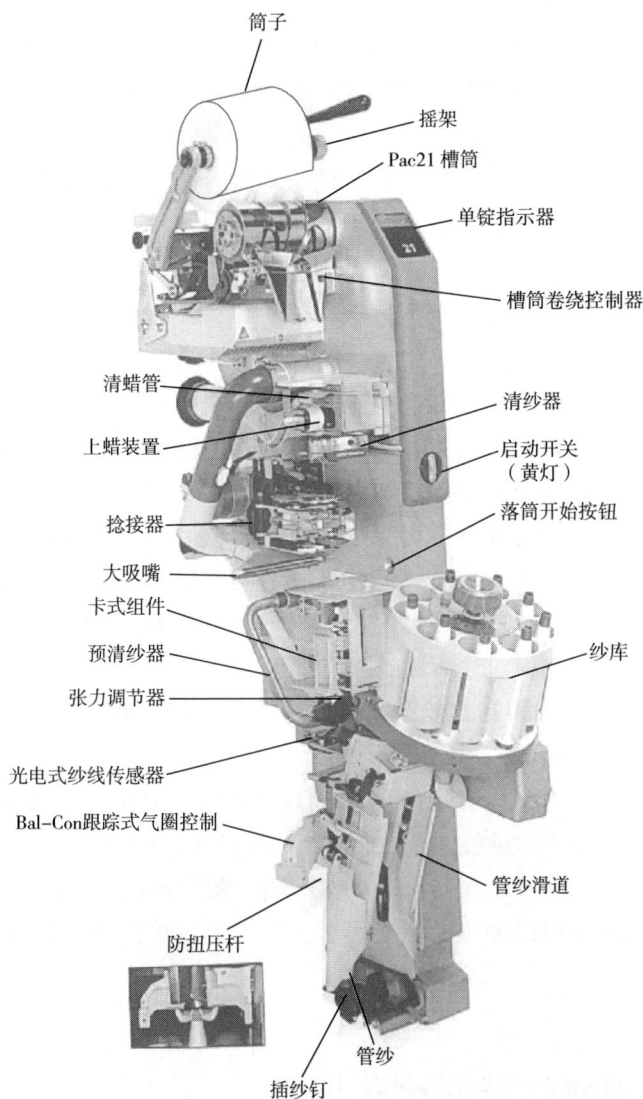

筒子

摇架

Pac21 槽筒

单锭指示器

槽筒卷绕控制器

清蜡管

清纱器

上蜡装置

启动开关
（黄灯）

捻接器

落筒开始按钮

大吸嘴

卡式组件

预清纱器

纱库

张力调节器

光电式纱线传感器

Bal-Con跟踪式气圈控制

管纱滑道

防扭压杆

管纱

插纱钉

图 4-7　村田 NO.21C-S 络筒机

纱线条干 CV 值与强力 CV 值显著相关，条干不匀反映强力不匀，反过来，
强力不匀也反映条干不匀。

在络筒过程中，纱线张力较小，纱线对纤维的握持力也较小，当纱线经过槽筒卷绕到筒子上时，因受摩擦力作用抽拔出来的纤维增多，导致纱线毛羽增加，此时，槽筒对纱线毛羽的影响程度大。另外张力较小，张力盘对纱线的作用力较小，纱线受气圈的影响，运行不稳定，在张力盘部位易发生剧烈的抖动，这样在纱线接触部位产生摩擦加强，也易产生过多的毛羽。

张力过大，纱线对纤维的握持力增加，在受到相同的槽筒卷绕加压力条件下，槽筒导致毛羽增加的机会减少，但是由于纱线的张力主要是通过张力盘与纱线摩擦获得，张力盘部位对纱线的摩擦力过大，导致纱线表面的纤维易被抽拔出来，纱线毛羽增加。此时，张力盘对纱线毛羽的影响程度大。

4.1.4　结果与分析

络筒工序对纱线毛羽影响很大，经过络筒纱线毛羽增加很快，实验研究表明，络纱是纱线毛羽增加的主要工序。络筒速度对纱线毛羽影响显著，速度越高，气圈回转角速度越大，离心力越大，纱线与各接触部件摩擦、撞击作用加剧，筒子卷装表面摩擦增加，摩擦加剧产生的静电又使纱线表层松软的纤维更容易被离心力和摩擦力拉出纱体，形成毛羽。络筒张力与毛羽增长呈正相关，张力越大，毛羽增长率越高。毛羽对后工序染色、织造加工有较大影响，尤其是喷气织造对经纱毛羽提出了较高要求，纱线毛羽问题得到了人们广泛的重视。络筒对纱线性能影响如下。

络筒后纱线条干稍有变差，在一定范围，纯棉纱粗节、棉结有所减少，而涤棉纱经络筒后粗节、棉结反而增加。

络筒后纱线强力平均值略有下降，但适当的工艺配置可改善强力 CV 值。

过高的络筒张力对纱线条干 CV 值、强力 CV 值等会造成不利影响。

络筒工序不能使纱线质量得到明显改善，提高纱线质量应立足于原料及纺纱工序。为减少络筒加工的负面影响，宜采用较小的络筒张力和适宜的络纱速度。

4.2 针织物性能对比分析

做高品质纱线主要是为了形成高质量的二维或三维织物，市场上最广泛应用的品种棉纱也是最难解决其抗起毛起球性的品种之一，本节选取纯棉品种做柔洁耐磨织物。

为解决"多毛羽传统环锭纱针织困难，而光洁的常规集聚纺纱线织物手感硬"的技术难题，在第 3 章已建立了串联半开放式多重集聚纺纱方法，分析多重集聚纺纱机理和结构成形特征，理论分析结果表明：多重集聚纺纱线具有外紧而内柔的结构特征。基于理论分析，在相同工艺条件下，分别采用传统环锭、常规集聚和多重集聚纱线制成针织面料，对比分析各针织物压缩回弹、透气、抗起毛起球、耐磨、染色等性能，结果表明：与传统环锭纱相比，多重集聚纱线针织物耐磨性、透气性、抗起毛起球性改善；与常规集聚纱线相比，多重集聚纱线针织物悬垂性、压缩回弹性和染色性能明显提高。

4.2.1　环锭光洁针织物结构模型

织物并不是一种类似塑料薄膜的均质材料，而是一种由相同或者不同纤维组成的多重孔隙结构非均质材料。由于织物内孔隙大小对织物的传热、透湿、透气性能影响较大，因此在建立织物模型时，必须对织物的孔隙率以及孔隙结构进行讨论分析。李欣等将织物的孔隙结构分为三种，并给出了各种不同孔隙的大小范围，分别为纤维内部孔隙、纱线内纤维与纤维之间孔隙、织物内纱线与纱线之间孔隙。

纤维内部孔隙主要是指纤维原纤之间孔隙和有空腔纤维孔隙。纤维内大分子无定形区的缝隙，其孔洞缝隙的尺寸较小，横向尺寸为 $1 \sim 50nm$，这些孔洞可以是连续贯通的，也可以是非连续贯通的，由于此部分孔隙非常小，在进行传热实验时一般不予考虑。有空腔的纤维，主要是天然纤维如棉、麻的中腔，羊毛纤维的毛髓等，这些孔洞的缝隙有相当大一部分不是贯通的，即孔洞是封闭的，在面料实验测试时也可以不予考虑。上述两种孔隙结构如图 4-8 和图 4-9 所示。

纱线结构是影响纱线性能的重要因素，孔隙率是纱线结构的重要指标。总孔隙的占纱线的体积百分比，称为纱线的孔隙率。孔隙率在一定程度上反映了纱线中纤维堆砌的松紧程度：孔隙率大，纤维间隙大，堆砌比较疏松；孔隙率小，纤维间隙小，堆砌比较紧密。纱线内纤维间的孔洞缝隙的大小与纤维直径、纱线密度和纱线加捻系数有关。李鸿顺，毛俊芳等对不同粗细的纱线横截面面积进行研究，结果表明纱支粗的平均孔隙率较大，纱支细的平均孔隙率较小；环锭纱呈内紧外松结构，如图 4-10 所示，即中间孔隙率小，在纱线外层，纱线的孔隙率大，纱线根据粗细程度的不同，其孔隙率大致分布

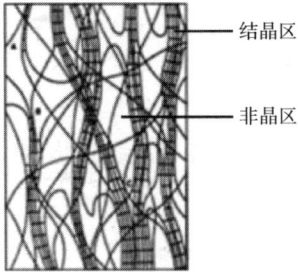

图 4-8 纤维内部的孔隙结构

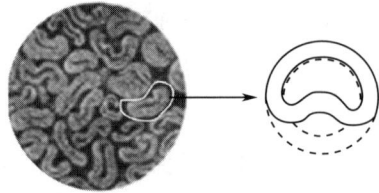

图 4-9 纤维内部空腔孔隙

在 50%~80%，环锭纱中间层的孔隙率最小，呈现出紧密结构，在纱线外层，纱线的孔隙率最大，呈现出松弛结构。

织物内纱线间的孔洞缝隙主要与织物组织结构、织物中纱线的直径、织物的紧度等有关。

目前针织物结构研究多以 pierce 线圈模型及其衍生模型为基础（图 4-11），pierce 线圈模型及其衍生模型包含明显的理想化的假设前提，结合针织物组织的线圈模型，如图 4-12 和图 4-13 所示，再计算针织物未充满系数。

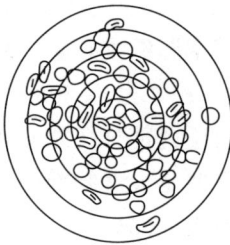

图 4-10 纱线横截面分区示意图

图 4-11 织物结构模型

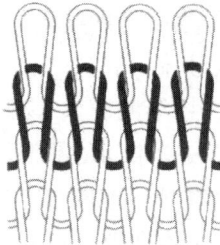

图 4-12 平针组织结构图

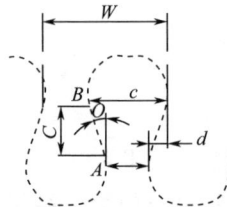

图 4-13 纱线极限排列线圈结构模型

张克和等根据 pierce 线圈模型进行研究得出式 (4-2)：

$$L_{AB} = C\left[1 + \frac{L_{AB} - C}{C}\right] = C\left[1 + \frac{9}{16}\left(\frac{d}{C}\right)^2\right] \tag{4-2}$$

式中，C 为纵向圈距；L_{AB} 为线圈圈柱直线段长；d 为纱线直径。

同时得出平针组织的紧密度 μ 及未充满系数 σ：

$$\mu = (0.25\pi d^2 L)/(W_{min} C_{min} t) \approx 12\pi d^3/(4 \times 4d \times 2d \times 2d) \approx 0.589 \tag{4-3}$$

$$\sigma = L/d \approx 11.87 \tag{4-4}$$

式中，$W_{min} = 4d$；横列最小间距为 $C_{min} = 2d$；L 为平针组织中最短线圈的长度；t 为成圈次数。

纱线毛羽影响织物的性能，比如织物的压缩回弹、透气、抗起毛起球、耐磨、染色等性能。选取平针组织针织物对不同纺纱系统所纺纱线进行编织测试（图 4-14）。

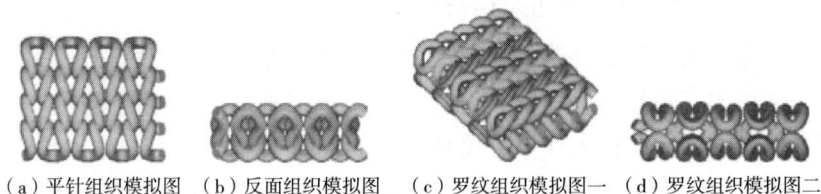

（a）平针组织模拟图　（b）反面组织模拟图　（c）罗纹组织模拟图一　（d）罗纹组织模拟图二

图 4-14　针织物模拟图

4.2.2　实验方法

4.2.2.1　针织用纱线制备及纱线毛羽检测

为验证机理分析和结构预测结果，采用相同粗纱、纺纱车台、工艺参数，纺制出 11.8tex（50 英支）纯棉传统环锭纺纱线、普通集聚纺纱和多重集聚纺纱线。

使用 YG172 毛羽测试仪、长岭 YG063T 全自动单纱强力仪、USTER TESTER5 乌斯特条干仪对三组纱线进行毛羽、强力、条干检测，检验采用 GB/T 398—2018、FZ/T 01086—2020 进行标准化检测（表 4-3）。

表 4-3　GJ11.8tex 品种筒子纱检验参数

项目		传统环锭纺	多重集聚纺	普通集聚纺
毛羽数/（根/10m）	2mm	175.6	98.7	124.7
	3mm	53.9	27.1	33.2

项目	传统环锭纺	多重集聚纺	普通集聚纺
单纱断裂强度/（cN/tex）	20.2	20.7	24.8
条干均匀度变异系数/%	11.5	11.7	11.8
棉结+200%/（个/km）	19.0	22.0	28.0

4.2.2.2 针织物制备

针织用纱的质量直接影响针织布面的质量，针织厂为准确评判纱线的质量对针织布面的影响，一般会将纱线织成平纹织物，染色后对布面进行质量评定。因此，将不同条件下的筒纱进行针织织造并进行染色，对针织物的织物性能及其染色性能进行一系列的评价。针织织造采用福源针织圆机制备76.2cm（30英寸）28G72F的平纹织物。

4.2.2.3 针织物表面风格分析

为对比不同纺纱系统所纺纱线织物的性能，将三种针织物面料采用立信溢流小染机 M/CNO 型并在同一条件下进行染色。采用数码电子显微镜通过扩大相同的倍数进行织物表面风格测试，纱线的直径是在标有刻度的显微镜下进行测定，对试样进行测试，表 4-4 是不同纺纱系统下所纺纱线的光坯布参数。

表 4-4　GJ11.8tex（50%P 长绒棉）品种光胚布参数

试样	布种	克重/（g/m²）	纱长/（cm/100g）	纱线直径/mm
传统环锭纺	平纹	119	21.5	0.11
普通集聚	平纹	121	21.5	0.11
多重集聚纺	平纹	117	21.5	0.11

（1）GJ11.8tex（50%P 长绒棉）品种抗起毛起球性测试

采用 YG502 型织物起毛起球仪，参照 GB/T 4802.2—2008《纺织品　织物起毛起球性能的测定　第 2 部分：改型马丁代尔法》圆轨迹法对织物进行表征，使用 250 转尼龙刷+250 转织物磨料。

（2）GJ11.8tex（50%P 长绒棉）品种透气性测试

本测试采用 YG461E-111 全自动透气量仪，测试标准：GB/T 5453—1997《纺织品　织物透气性的测定》；测试参数：压差 100Pa；试样直径定值圈：ϕ60mm。

（3）GJ11.8tex（50%P 长绒棉）品种透湿汽性测试

透湿性采用 YG601H 型电脑织物透湿仪测试，根据 GB/T 12704.2—2009《纺织品　织物透湿性试验方法　第 2 部分：蒸发法》测试各织物的透湿性。

（4）GJ11.8tex（50%P 长绒棉）品种悬垂性测试

采用 YG811F 型电脑式织物悬垂仪利用伞式法进行测试。测试工艺参数：温度为 20℃，相对湿度为 60%，旋转速度为 30r/min。

（5）GJ11.8tex（50%P 长绒棉）品种压缩弹性测试

测试参数：加压重物 1kg 压 5min；每块试样层数：30 层；高度测量工具：电子数显卡尺。

（6）GJ11.8tex（50%P 长绒棉）品种染色性测试（K/S 值）

采用 Colori7 电脑测色配色系统进行测试表观染色深度（K/S 值）。技术参数：光谱范围：360~750nm，波长间隔 10nm，广度解析度：0.001%。

4.2.3 结果与分析

4.2.3.1 纱线结构对比分析

多重集聚纺纱线相比较传统环锭纺纱管纱 3mm 毛羽下降约 54%，相比较普通集聚毛羽降低约 28%，多重集聚纺筒纱 3mm 毛羽数相比较传统环锭纺减少 49.7%，相比较负压普通集聚纱线 3mm 毛羽减少 18.4%。

对纱线的结构表征采用扫描电镜进行分析，采用场发射扫描电子显微镜测试样品的表面形貌。测试之前，首先将三组不同纺纱方法所纺纱线随机截取样品，将所取样品用导电胶固定在金属圆台上，然后将其移入粒子溅射仪中进行喷金，每次喷金 10min，喷金时，粒子溅射仪中气压需小于 10Pa，电流为 20mA。最后，将喷金的样品用冷场发射扫描电子显微镜进行表征，观察纱线表面的形貌。传统环锭纺、多重集聚纺和普通集聚纺纱线的扫描电子显微镜照片如图 4-15 所示。

为分析纱线 SEM 图像毛羽，需建立式（4-5），可进行直观计算。SEM 图像中纤维毛羽化百分比 H：传统环锭纺纱线为 33.5%、多重集聚纺纱线为 3.4%、普通集聚纺纱线为 9.1%。30 倍 SEM 可看出 11.8tex（50 英支）多重集聚纺纱线纤维排列有序，纤维伸出纱线主干少，多重集聚纺纱线毛羽少，纱线表面较光洁。

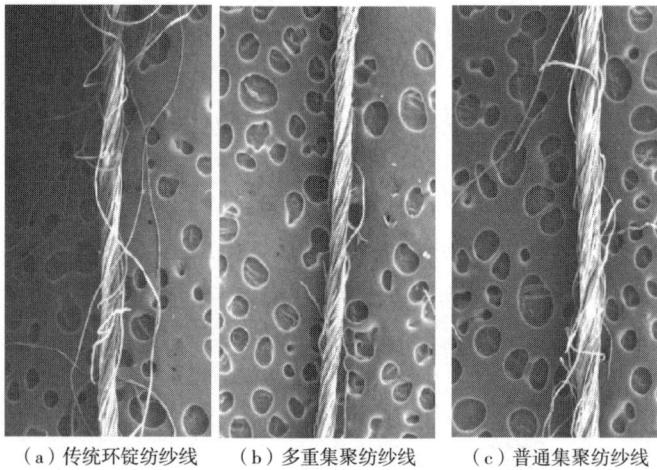

(a) 传统环锭纺纱线　　(b) 多重集聚纺纱线　　(c) 普通集聚纺纱线

图 4-15　环锭纺、多重集聚纺和普通集聚纺纱线扫描电子显微镜照片

$$H = \frac{N_{\mathrm{H}}}{N_{\mathrm{T}}} \cdot 100\% \tag{4-5}$$

式中，H 为纤维毛羽化百分比；N_{H} 为毛羽化纤维根数；N_{T} 为单股纱线纤维总根数。

4.2.3.2　织物表面风格对比分析

图 4-16 为三种纱线织物染色后表面形态图。从图 4-16 可以清楚地看出织物表面毛羽数为：多重集聚纺纱线<普通集聚纺纱线<传统环锭纺纱线。多重集聚纺纱线表面结构致密，是因为纱线结构成形时采用了机械集聚部件对纱线表层纤维定向的集聚和逐步收拢，使纱线表面纤维更紧密、耐磨；普通集聚织物表面相对于传统环锭纺织物表面较清晰、光洁且毛羽较少，是由于普通集聚纺纱线中的纤维受气流的收缩和集合作用，纱线内外层纤维均缩紧，整体成纱结构致密，在织造过程中普通集聚纺纱线抗弯折性能不如多重集聚纺，所以多重集聚纺织物外观更光洁些，毛羽更少一些。因此，三种针织物面料表面对比结果为多重集聚纺纱线制得的针织面料表面光洁、毛羽较少。

4.2.3.3　织物抗起毛起球性分析

表 4-5 是不同种类纱线制成针织物的抗起毛起球性能对比。从表中可看出，多重集聚纺针织物抗起毛起球性能相比同条件下的传统环锭纺针织物提高 1 级，相比普通集聚针织物抗起毛起球性能提高 0.5 级；多重集聚纺纱针织物的抗磨损强度要明显好于传统环锭纺和普通集聚纺。

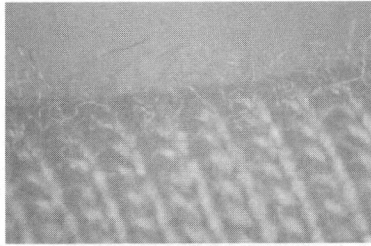

（a）GJ11.8tex传统环锭纺色布

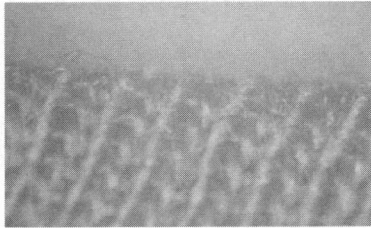

（b）GJ11.8tex多重集聚纺色布

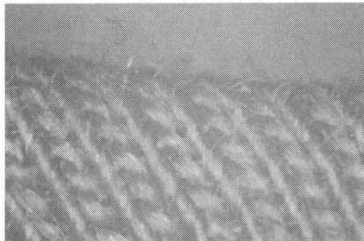

（c）GJ11.8tex普通集聚纺色布

图4-16　GJ11.8tex 色布布面效果图

表 4-5　色织物抗起毛起球测试结果

试样	起毛起球评级/级	磨破次数/次	测试方法
传统环锭纺	3	45000	GB/T 4802.2—2008
普通集聚	3.5	48900	圆轨迹法
多重集聚纺	4	51000	250 转尼龙刷+250 转织物磨料

注　参考 GB/T 4802.2—2008《纺织品　织物起毛起球性能的测定　第 2 部分：改型马丁代尔法》进行测试。将摩擦2000r 后的试样与标准样对照，评定起毛起球等级。本实验仪器为马丁代尔耐磨仪。摩擦及起毛起球次数为 3 次，表中数据为多次测试平均值。磨破次数为织物在耐磨仪上磨损至出现明显破洞时的摩擦次数，数值越大表明耐磨性越好。

从图 4-17 中磨后的三块织物可以直观地看出，重集聚纺针织面料的抗起毛起球性能优于其他两块针织物，由于多重集聚纺针织物表面较光洁，毛羽少，多重集聚纺纱线编织的针织物在与磨料摩擦时，纤维不易从纱线中抽拔出，纱线结构不易解体，起毛数相对较少，而起球是在起毛的基础上形成的，因而起球也就相对较少。

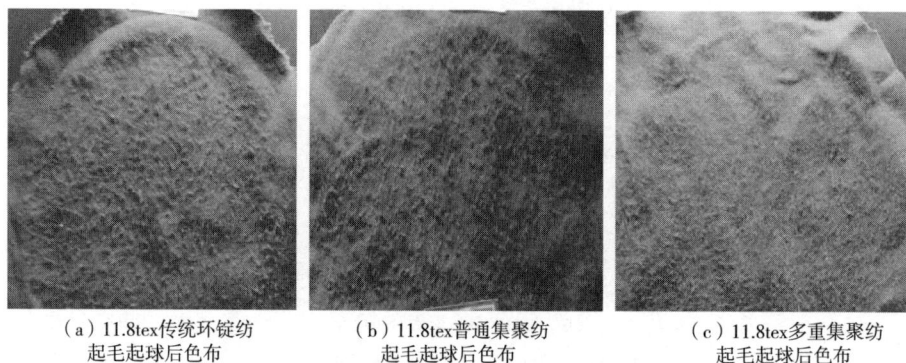

（a）11.8tex传统环锭纺
起毛起球后色布

（b）11.8tex普通集聚纺
起毛起球后色布

（c）11.8tex多重集聚纺
起毛起球后色布

图4-17　GJ11.8tex起毛起球后布面效果图

4.2.3.4　织物透气性及透湿性分析

表4-6是不同种类纱线制成针织物的透气性能指标。可以看出，多重集聚纺纱针织物透气性为790.3mm/s，相比较同支数的传统环锭纺和普通集聚针织物透气性能为最佳。

表4-6　针织物透气性能测试结果　　　　　　单位：mm/s

样品	1	2	3	4	5	平均值
传统环锭纺	724.8	784.0	812.0	779.3	750.4	770.1
普通集聚纺	768.7	751.1	714.1	757.7	811.1	760.5
多重集聚纺	750.8	796.0	808.1	814.0	782.7	790.3

注　织物透气性测试标准：GB/T 5453—1997；测试参数：压差100Pa；试样直径定值圈：ϕ60mm。

多重集聚纺针织物比普通集聚针织物和传统环锭纺针织物透气性要好，这是由于多重集聚纺的纱线内部纤维排列较为松散，类似于传统环锭纺纱线的内部结构，而传统环锭纺针织物的透气性要好于普通集聚针织物，说明在透气性方面纱线内部结构柔软占主要条件，由表4-6透气性能结果分析可知，两类针织布的透气性相差不多，传统环锭纺针织布透气性较好。加捻三角区是纤维内外转移的关键，纤维的内外转移是纱线结构紧密、牢固的基础，而普通集聚技术由于基本上消除了加捻三角区，因而纱线结构紧密，普通集聚的气流集聚作用使纤维集合更紧密，毛羽减少，织物更加紧凑，因而透气性能就会略低于传统环锭纺针织物。

表 4-7 是不同种类纱线制成针织物的透湿性能指标。从表中可看出，多重集聚纺纱针织布透湿量为 3080g/（m²·h），高于传统环锭纺和普通集聚针织布，表明多重集聚纺针织布透湿气量最好。

表 4-7　针织物透湿性能测试结果

样品类别 质量差（Δm）样块	1/g	2/g	3/g	平均值/g	透湿量 WVT/ ［（g/（m²·h）］
传统环锭纺	0.326	0.335	0.327	0.329	2790
普通集聚纺	0.339	0.348	0.348	0.345	2930
多重集聚纺	0.358	0.366	0.365	0.363	3080

注　透湿量：$WVT = \dfrac{24\Delta m}{S \times t}$；

式中：WVT——每平方米织物每天的透湿量［g/（m²·h）］；Δm——同一实验组合体 2 次称重之差（g）；S——试样实验面积（m²）；t——试验时间（h）。

对于透湿性，由表 4-7 可明显看出，多重集聚纺针织物的透湿汽性能优于普通集聚纺和传统环锭纺针织物，透湿性主要由纱线纤维毛羽化指数决定，纤维间形成的毛细效应好，织物导湿性能就好，从而织物透湿性能好。

4.2.3.5　织物悬垂性测试分析

织物的悬垂性是指织物因自重而下垂的性能，悬垂系数越小，即投影面积越小，表示织物越柔软，若悬垂时能构成许多半径较小的波曲状态，则织物的悬垂性能较好；悬垂系数越大，即投影面积越大，表示织物越硬挺，悬垂时往往会形成半径较大的屈曲，其悬垂性能较差。由表 4-8 分析可知传统环锭纺针织物的悬垂系数最小，悬垂性优于集聚纺和多重集聚纺针织物，纱线弯曲刚度与织物悬垂系数之间具有很好的相关性。传统环锭纺纱线中的纤维与纱轴呈固定角度，纤维在纱中运动受限，但也可以部分移动，所以纱线弯曲刚度较低；普通集聚纱线因其结构紧密，纤维排列有序性好，纤维在纱线中的可运动性能较差，纱线在外力作用下较难弯曲，因而集聚纺针织物悬垂性较差。多重集聚纺介于普通集聚和传统环锭纺之间，有比较适中的悬垂性。

表4-8 织物的悬垂性结果

试样	悬垂系数/%	静态投影面积/mm²	旋转动态面积/mm²	活泼率/%	硬挺度/%
传统环锭纺	18.23	17496.4	18018.95	1.88	22.04
普通集聚纺	19.85	18043.5	18275.75	0.86	22.06
多重集聚纺	17.76	17333.8	17892.6	2.01	21.66

注 测试工艺参数：温度：20℃；相对湿度：60%；旋转速度：30r/min。

悬垂系数：反映织物悬垂程度的指标，悬垂系数小则悬垂性好。

活泼率：反映了织物的动态悬垂性能，活泼率越大表示织物悬垂性越好。

4.2.3.6 织物压缩回弹性测试分析

压缩回弹性，是指织物在厚度方向的压缩回弹性能，与手感风格中的蓬松丰满度、表面的滑糯性有关，加压前多重集聚纺针织物的高度最高，说明多重集聚纺针织物蓬松性能最好。多重集聚纺针织物的织物压缩回弹性最佳，这是因为多重集聚纺纱线有外紧内松的纱线结构。而普通集聚纺针织物压缩回弹性最低，主要是由于普通集聚纱线结构外紧内紧，织物在厚度方向较硬，压缩回弹性差。图4-18是压缩回弹性测试图。

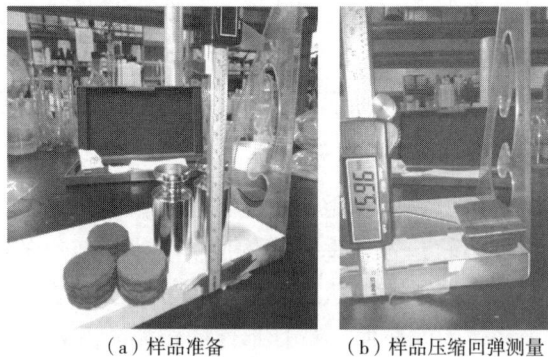

（a）样品准备　　　　（b）样品压缩回弹测量

图4-18 压缩回弹性测试图

表4-9是不同种类纱线制成针织物的压缩弹性指标，压缩回弹率公式如下：

$$N = \frac{H_1 - H_2}{H_0} \cdot 100\% \qquad (4-6)$$

式中，N 为织物压缩回弹率；H_0 为加砝码之前织物的高度；H_1 为 5min 之后拿开砝码的高度；H_2 为砝码压在织物上 5min 的高度。

表 4-9　色织物压缩弹性测试结果

试样	加砝码前高度 H_0/mm	加砝码后高度/mm	加砝码 5min 后高度 H_2/mm	5min 后拿开砝码高度 H_1/mm	织物压缩回弹率 N/%
传统环锭纺	15.73	10.28	9.68	14.81	32.6
普通集聚纺	16.07	9.88	9.65	13.51	24.0
多重集聚纺	16.16	10.17	9.64	14.96	32.9

4.2.3.7　织物染色性能对比分析

从表 4-10 织物的 K/S 值分析可知，在同样的染色工艺条件下，多重集聚纺针织物 K/S 值最高，说明多重集聚纺针织物染色性能高于传统环锭纺和普通集聚纺，这是由其外紧内松的结构使多重集聚纺纱线的吸水性和保水性能较好，对染料有比较好的吸附性能。

表 4-10 是不同种类纱线制成针织布后的染色性能对比。

表 4-10　织物色深 K/S 值测试结果

试样	1	2	3	4	5	6	7	8	平均值
传统环锭纺	18.438	18.536	19.029	19.125	18.536	19.354	19.563	19.280	18.973
普通集聚纺	17.810	19.214	18.318	17.768	19.362	19.280	19.223	17.953	18.590
多重集聚纺	19.631	19.117	19.785	20.003	18.461	18.177	18.667	18.590	19.029

针织物性能与纱线结构密切相关，由于多重集聚纺筒纱 3mm 毛羽数相比较传统环锭纺减少 49.7%，相比较普通集聚纱线 3mm 毛羽减少 18.4%，多重集聚纺纱线表面毛羽较少，纱线外层紧密，内部结构疏松，多重集聚纺下的少毛羽纱线更适合织造针织物，所以多重集聚纺针织物表面较清晰光洁且毛羽较少，多重集聚针织物纺抗起毛起球性、透气性、透湿性、压缩回弹性、染色性能都比传统环锭纺和普通集聚要好，多重集聚纺针织物的悬垂性介于传统环锭纺和普通集聚纺之间，多重集聚纺纱线能更好地应用于高档针织产品。

4.3 本章小结

通过对同支数同配棉的环锭纺筒纱、多重集聚纺筒纱以及集聚纺筒纱制作针织布样进行性能对比分析，多重集聚纺纱线所织的针织布样在抗起毛起球性能、透气性、透湿性、压缩回弹性、染色性能方面都比环锭纺和普通集聚纺要好，多重集聚纺技术应用在高档针织产品上比较合适，可为企业所生产的纱线添加更高的附加值，为企业创收增益。

多重集聚纺纱线具有毛羽少，纱线结构不同于普通环锭纺纱线和集聚纺纱线的特点，在匹配的络筒工艺和织造工艺条件下，多重集聚纺纱线针织面料对比普通环锭纺针织面料和集聚纺针织面料优势明显，再次验证了多重集聚纺纱线就是理想纺纱线，见表4-11。通过在普通环锭纺纱线成形过程中对纱线结构进行分层多重调控，获取最优结构多重集聚纺纱线，对纱线结构进行深入的研究后，在后道工序中有针对性地设置相配套的工艺，对多重集聚纺纱线进行络筒和织造，可以生产出高端针织面料和产品。

表 4-11 多重集聚纺纱线与理想纺纱线对比

纺纱方法	纤维内外转移充分	纱线毛羽少	纱线强力高	织物手感柔软	适用于机织和针织	织物耐磨性	无附加能耗
理想纺	√	√	√	√	√	√	√
多重集聚纺	√	√	√	√	√	√	√

第5章

展望

目前，未发现一种能够广泛适用于各种纤维材料，并能在耗能低的情况下辅助生产出高品质纱线的附加纺纱装置。所以，需要着眼于纤维原料的适应性、功能性等方面，根据以往实验数据和研究，分析传统环锭纺纱与集聚纺纱的异同点与优缺点，解决模量高、刚度大的纤维内外转移困难问题以及外层短纤维不易控制问题，进而提出高品质的纺纱工艺。基于多种纺纱方式提出高品质纱线的理想指标见表 5-1。

表 5-1　高品质纱线的理想指标

纺纱方法	纤维内外转移充分	纱线毛羽少	纱线强力高	号数范围广	原料种类多	织物手感柔软	适用于机织	适用于针织
环锭纺纱	√√	××	√	√	√	√	√	√
集聚纺纱	√	√√	√√	×	×	××	√	×
涡流纺纱	×	√√	××	×	×	×	×	√
理想纺纱	√√	√√	√√	√	√√	√	√	√

高品质理想纺纱同时具备集聚纺毛羽少与传统环锭纺纤维内外转移充分的特点。高品质理想纱线的内外结构特征如图 5-1 所示，外部纤维应该紧密包缠主体，内部纤维应该充分内外转移。

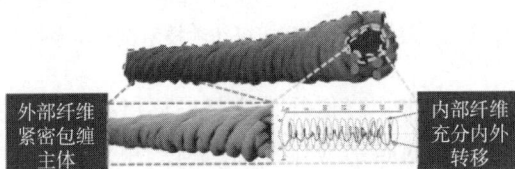

图 5-1　高品质理想纱线的内外结构特征

为实现该理想纱线结构和性能，通过对各类纤维材料的微观结构与力学、热力学等性能研究，以及多单元协同控制下纤维高速动态内外转移的力学特征分析，确立了分层逐步集聚调控纤维成纱的新方法，如图5-2所示。

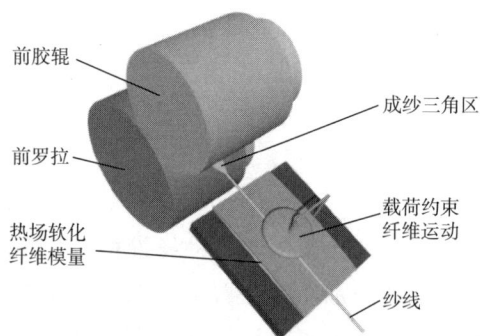

前胶辊
成纱三角区
前罗拉
载荷约束
纤维运动
热场软化
纤维模量
纱线

图5-2 热致分层集聚调控纺纱模型

在纺纱三角区关键位置建立热场与载荷协同的热致分层集聚纺纱装置，如图5-3所示。

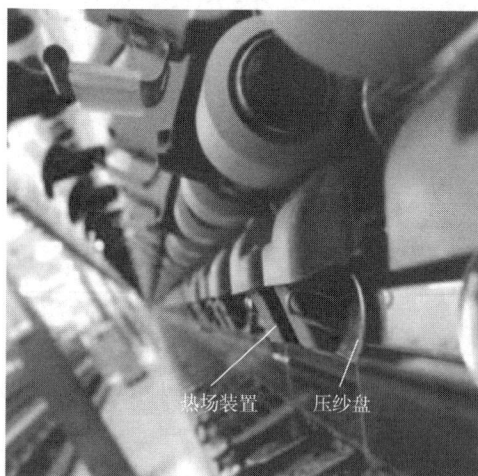

热场装置 压纱盘

图5-3 热致分层集聚调控纺纱技术试验示意图

利用热场装置软化纤维、降低纤维模量，逐层柔化纤维须条，改善纤维的易变形性和可控性。同时自适应压纱盘载荷约束纤维运动，分段调控捻回以重塑纺纱三角区，并形成动态捕捉式集聚。在热场和载荷的协同作用下，增强纱条弯曲和伸展运动，配合加捻扭力和引纱张力作用，分步调控须条内层纤维，形成充分内外转移、外层纤维集聚式紧密弯曲缠绕的捻合纱线，提高成纱品质。

随着短纤维环锭纺纱方法的不断发展与进步，目前负压集聚纺纱线的品质已大幅提升，但仍存在质量提升难度大、能耗高等问题。本书提出的热致分层集聚调控纺纱技术通过热场软化纤维，使纤维受到自适应压纱盘载荷的束缚作用，从而降低纤维断裂的可能性，并捕捉边缘纤维嵌入纱线主干。另外，热场调控组件与压纱盘之间构成保温层，能有效减少能量损耗，使纱条均匀受热。实验表明，该纺纱方式与传统环锭纺相比，成纱毛羽减少且强力提升，与负压集聚纺相比，制成的织物抗起毛起球、耐磨性、顶破强力均有改善，纺纱能耗降低。热致分层集聚调控纺纱方法为生产短纤维高品质纱线和织物提供了新思路。但该技术仍然存在一些问题和挑战。第一，热致分层集聚调控纺纱技术的实施需要高精度的温度控制和压力调节去生产出更高品质的纱线。第二，该技术的应用范围还需要进一步拓展和深入研究，以适应不同纤维材料和产品的生产需求。第三，该工艺还不成熟，需要进一步优化以解决生产效率问题，并提高市场竞争力。因此，需要进一步加强研究和开发，不断完善和改进热致分层集聚调控纺纱技术，提高其可靠性和稳定性，扩大应用范围，推动纺织技术创新。

◆ 参考文献 ◆

［1］饶崛，李建强．原始纺纱工具纺轮诞生初探［J］．服饰导刊，2021，10
（5）：1-4.

［2］饶崛，程隆棣．中国古代纺轮材质和纹饰的探析［J］．服饰导刊，2018，
7（5）：4-10.

［3］饶崛．纺轮的诞生、演进及其与纺纱技术发展的关系研究［D］．上海：
东华大学，2019.

［4］史晓雷．再探中国古代手摇纺车的历史变迁［J］．丝绸，2012，49（8）：
65-70.

［5］王朝阳．贵州黔东南地区侗族手摇纺车研究［J］．艺术与设计（理论），
2017，2（5）：130-132.

［6］林晓明．松江汉族三锭纺车研究［C］//中国博物馆协会服装博物馆专
业委员会．服装历史文化技艺与发展——中国博物馆协会第六届会员代
表大会暨服装博物馆专业委员会学术会议论文集．上海：上海市松江区
文物管理委员会，2014：6.

［7］包铭新，于颖．中国古代的五锭棉纺车［J］．东华大学学报（自然科学
版），2005，31（6）：129-132.

［8］郑新，王燕，李强，等．翼锭脚踏纺车的再研究［J］．丝绸，2022，59
（8）：146-152.

［9］任欣贤．棉纺翼锭加捻过程中几个问题的讨论［J］．西北纺织工学院学
报，1996（2）：193-196.

［10］汪静涌，贾正宏．走锭细纱机［J］．毛纺科技，1985（5）：31-35.

［11］王春华，张希红．走锭细纱机制造技术最新进展［J］．毛纺科技，
2014，42（11）：38-40.

［12］寿逸明．走锭与环锭细纱机加工特殊动物纤维的对比分析［J］．毛纺科
技，1990（6）：41-43.

［13］罗长青．纺纱机的发明与演变［J］．发明与创新（学生版），2007（2）：
16.

［14］汪瑜．中国的棉花生产与棉纺织工业［J］．纺织导报，1991（24）：15.

［15］吴红玲，蒋少军，孙春芳，等．浅谈纺纱技术与发展［J］．纺织器材，2007，34（2）：48-52.

［16］贺晓丽．我国棉纺织技术的发展历程研究［D］．天津：天津工业大学，2006.

［17］惠永久，王楷艳，王远．基于环锭纺的纺纱新技术研究［J］．山东纺织科技，2023，64（3）：25-27.

［18］刘凯，韦金平．环锭纺高速纺纱技术探析［J］．纺织器材，2023，50（2）：28-31，69.

［19］赵亮，厉勇，李杰，等．环锭纺纱技术的发展与创新［J］．中国纺织，2021（Z5）：114-117.

［20］李妙福．棉纺环锭细纱机高速纺纱技术的应用［J］．棉纺织技术，2009，37（1）：7-11.

［21］陈根才，章友鹤．国内外环锭纺纱技术的发展与创新［J］．现代纺织技术，2011，19（1）：29-34.

［22］赵连英，章友鹤．新型纺纱技术的发展与传统环锭纺纱技术的进步［J］．纺织导报，2008（6）：72-80.

［23］吉宜军，范正春，崔益怀，等．细纱摇架的变革与展望［J］．纺织器材，2023，50（6）：1-9.

［24］陈军，李仁充，王章凯，等．新型嵌入式复合纺纱设备的研制与产品开发［C］//中国纺织工程学会新型纺纱专业委员会．第十五届全国新型纺纱学术会论文集．武汉：武汉纺织大学，天化有限公司，精华有限公司，2010：8.

［25］方磊，何春泉．浅析嵌入式纺纱技术［J］．上海纺织科技，2011，39（8）：25-26，62.

［26］尚红燕，张轩，陈治芳．嵌入式复合纱的纺制实践［J］．棉纺织技术，2011，39（2）：50-52.

［27］梅霞．4种纺纱技术的比较和分析［J］．上海纺织科技，2018，46（2）：7-10，48.

［28］尹义政．紧密纺纱技术［J］．纺织科技进展，2015（2）：14-18.

［29］邹专勇，方欣蓓，虞美雅，等．低扭矩环锭纺加工设备应用经济效益与发展分析［J］．现代纺织技术，2018，26（5）：87-90.

[30] 邹专勇，虞美雅，陈建勇，等．低扭矩环锭柔软纱加工现状与假捻技术的应用 [J]．现代纺织技术，2018，26（3）：89-92，96.

[31] 王元峰．柔顺光洁纺纱方法的研究及实践 [D]．武汉：武汉纺织大学，2017.

[32] 陶肖明．一步法低残余扭矩单股环锭纱（扭妥环锭纱）生产技术、设备及其产品 [C] //香港桑麻基金会优秀论文奖论文集香港理工大学纺织及制衣学系，2007：10.

[33] 陶肖明，郭滢，冯杰，等．低扭矩环锭纺纱原理及其单纱的结构和性能 [J]．纺织学报，2013，34（6）：120-125，141.

[34] 秦贞俊．紧密纺纱技术特点及与普通环锭纺纱性质的比较 [J]．现代纺织技术，2010，18（5）：57-60.

[35] 章友鹤，周建迪，赵连英，等．紧密纺纱技术的发展 [J]．纺织导报，2016（6）：54-60，62.

[36] 侯小伟，包晓佳，王勇．棉双丝包芯赛络纱的纺纱工艺优化 [J]．棉纺织技术，2013，41（8）：41-43.

[37] 王伟志，马洁．紧密赛络纺成纱过程研究及其性能分析 [J]．上海纺织科技，2017，45（4）：31-34.

[38] 武建周，李世平．紧密纺纱线条干不匀的研究以及管理措施 [J]．轻纺工业与技术，2017，46（6）：7-10.

[39] 孔繁荣，陈莉娜．有机棉紧密纺纱线的生产实践 [J]．山东纺织科技，2014，55（2）：16-18.

[40] R NARKHEDKAR，R K SHINKAR，史雅楠．基于不同粗纱的紧密纺纱线 [J]．国际纺织导报，2021，49（10）：16-18.

[41] P PATIL，P P KOLTE，S S GULHANE，等．气动与磁力紧密纺纱线的性能比较 [J]．国际纺织导报，2020，48（5）：7-9.

[42] 程桂芳，杨效青，刘爱荣，等．紧密纺条干 CV_b 的影响因素及措施 [J]．中国棉花加工，2016（4）：39-40.

[43] 王丽，吴丽莉，陈廷．紧密纺纱技术在毛纺上的应用 [J]．纺织导报，2017（5）：77-79.

[44] 唐建东．基于柔洁纺的功能纤维纱线及面料的研制和性能研究 [D]．武汉：武汉纺织大学，2018.

[45] 陈克炎，李洪盛，王慎．柔洁纺纱技术的应用效果研究 [J]．棉纺织技

术, 2016, 44 (5): 60-63.

[46] 王俊英, 王韦清. 超柔纺应用现状与产业化推广思考 [J]. 棉纺织技
术, 2018, 46 (10): 78-81.

[47] 虞美雅, 董正梅, 方欣蓓, 等. 基于单龙带式假捻的低扭矩色纺纱性能
研究 [J]. 棉纺织技术, 2020, 48 (2): 41-45.

[48] 邹专勇, 虞美雅, 方欣蓓, 等. 基于罗拉式假捻的低扭矩环锭纱线开发
与性能分析 [J]. 上海纺织科技, 2018, 46 (5): 46-48.

[49] 马建辉, 李双. 低扭矩纱性能和结构 [J]. 山东纺织科技, 2014, 55
(2): 9-10, 11.

[50] 刘登明. 紧密纺纱的发展与成纱质量分析 [D]. 天津: 天津工业大学,
2006.

[51] 李桂付. 利用柔洁纺纱线开发高档色织衬衫面料的实践 [J]. 上海纺织
科技, 2015, 43 (2): 36-37.

[52] 唐建东. 基于柔洁纺的功能纤维纱线及面料的研制和性能研究 [D]. 武
汉: 武汉纺织大学, 2018.

[53] 唐建东, 倪春燕, 夏治刚, 等. 基于柔顺光洁纺棉/麻纱线的研发 [J].
纺织器材, 2018, 45 (5): 4-7, 32.

[54] RIO S, KENNEDY J F. R R. FRANCK BAST AND OTHER PLANT FIBRES
PRESS BOCA RATON [J]. International Journal of Biological Macromole-
cules, 2006, 39 (4): 322-322.

[55] 姚穆. 纺织材料学 [M]. 3 版. 北京: 中国纺织出版社, 2009.

[56] 张庆辉, 夏川, 开吴珍. 天然彩棉的现状及未来的发展趋势 [J]. 天津
纺织科技, 2002, 40 (3): 2-5.

[57] 汤寿伍, 田成军, 刘海峰, 等. 天然彩色棉花与棉业可持续发展
[C] //中国棉花协会. 中国棉花学会 2010 年年会论文汇编. 延吉: 中
国彩棉 (集团) 股份有限公司, 2010.

[58] 江畹兰. 棉纤维对胶乳凝固和橡胶性能的影响 [J]. 世界橡胶工业,
2012, 39 (9): 11-13.

[59] 汪学明. 探究未来 10a 中国棉花的发展趋势 [J]. 北京农业, 2015
(3): 259.

[60] KENNEDY J F, PARVEEN Z S GORDON, Y-L HSIEH (EDS.). Cotton:
science and technology [J]. Carbohydrate Polymers, 2008, 71 (2): 330-

330.

[61] 刘仁庆. 纤维素化学基础 [M]. 北京：科学出版社，1985.

[62] 于伟东. 纺织材料学 [M]. 北京：中国纺织出版社，2006.

[63] 梁予，陈战国，傅海威，等. 棉纤维表面结构的电镜分析 [J]. 西安石油学院学报（自然科学版），2000，15（3）：56-58.

[64] 王禄山，高培基，时东霞，等. 天然棉纤维表面超微结构及其变化的定量分析——用原子力显微镜测定超微结构的表面粗糙度 [J]. 山东大学学报（理学版），2006，41（6）：132-139.

[65] 袁斌钰. 环锭纺纱毛羽成因分析 [J]. 棉纺织技术，1997（9）：21-26.

[66] 周慈念. 转杯纺的发展与应用 [J]. 纺织导报，2002（4）：44-46，52.

[67] 安降龙. 摩擦纺特种组分结构纱线加工及其性能研究 [D]. 天津：天津工业大学，2005.

[68] 刘国涛，谢春萍，徐伯俊. 新型纺纱 [M]. 北京：中国纺织出版社，1999.

[69] 夏治刚. 湿热对纤维素纤维拉伸性能的影响及其在光洁成纱中的应用 [D]. 上海：东华大学，2012.

[70] 陆惠文，倪远. 下一代细纱技术创新点剖析 [J]. 纺织器材，2018，45（1）：57-64.

[71] FUJINO K, SHIMOTSUMA Y. Studies on spinning rings and travellers [J]. Textile Research Journal, 1955, 25（9）：799-811.

[72] CRANK J, WHITMORE D D. The influence of friction and traveller weight in r. ing spinning [J]. Textile Research Journal, 1954, 24（11）：1006-1010.

[73] SHIFFLER D A. Roll wraps in ring spinning：part Ⅰ：kinetics and incremental cost [J]. Textile Research Journal, 1993, 63（8）：479-487.

[74] SHIFFLER D A. Roll wraps in ring spinning：part Ⅱ：effect of fiber and spinning frame variables [J]. Textile Research Journal, 1993, 63（9）：515-522.

[75] BEN HASSEN M, SAKLI F, SINOIMERI A, et al. Experimental study of a high drafting system in cotton spinning [J]. Textile Research Journal, 2003, 73（1）：55-58.

[76] GRAHAM J S, BRAGG C K. Effect of spinning draft parameters on cotton

drafting efficiency [J]. Textile Research Journal, 1975, 45 (7): 515－520.

[77] SU C I, LO K J. Optimum drafting conditions of fine－denier polyester spun yarn [J]. Textile Research Journal, 2000, 70 (2): 93-97.

[78] SU C I, FANG J X. Optimum drafting conditions of non－circular polyester and cotton blend yarns [J]. Textile Research Journal, 2006, 76 (6): 441-447.

[79] ISHTIAQUE S M, DAS A, NIYOGI R. Optimization of fiber friction, top arm pressure and roller setting at various drafting stages [J]. Textile Research Journal, 2006, 76 (12): 913-921.

[80] SU C I, JIANG J Y. Fine count yarn spun with a high draft ratio [J]. Textile Research Journal, 2004, 74 (2): 123-126.

[81] CHEN K Z, HUANG C Z, CHEN S X, et al. Developing a new drafting system for ring spinning machines [J]. Textile Research Journal, 2000, 70 (2): 154-160.

[82] WANG X, KHAN Z A. Mohair fibre drafting in ring spinning part I: Pinned apron [J]. Journal of the Textile Institute, 2000, 91 (1): 16-20.

[83] KHAN Z A, WANG X. Mohair fibre drafting in ring spinning part II: Pinned roller [J]. Journal of the Textile Institute, 2000, 91 (1): 21-27.

[84] CARVALHO V, CARDOSO P, BELSLEY M, et al. Yarn hairiness parameterization using a coherent signal processing technique [J]. Sensors and Actuators A: Physical, 2008, 142 (1): 217-224.

[85] CHENG K P S, YU C. A study of compact spun yarns [J]. Textile Research Journal, 2003, 73 (4): 345-349.

[86] XIA Z G, WANG H S, WANG X, et al. A study on the relationship between irregularity and hairiness of spun yarns [J]. Textile Research Journal, 2011, 81 (3): 273-279.

[87] BARELLA A. The hairiness of yarns [J]. Textile Progress, 1993, 24 (3): 1-46.

[88] XIA Z G, WANG X, YE W X, et al. Effect of repeated winding on carded ring cotton yarn properties [J]. Fibers and Polymers, 2011, 12 (4): 534-540.

[89] LANG J, ZHU S K, PAN N. Changing yarn hairiness during winding—Analyzing the trailing fiber ends [J]. Textile Research Journal, 2004, 74 (10): 905-913.

[90] LANG J, ZHU S K, PAN N. Change of yarn hairiness during winding process: Analysis of the protruding fiber ends [J]. Textile Research Journal, 2006, 76 (1): 71-77.

[91] ARTZT P. Compact Spinning-a true innovation in staple fibre spinning [J]. Intl Textile Bull. 1998, 44 (5): 26-32.

[92] 陈克炎, 李洪盛, 王慎. 柔洁纺纱技术的应用效果研究 [J]. 棉纺织技术, 2016, 44 (5): 60-63.

[93] GUO Y, TAO X M, XU B G, et al. Structural characteristics of low torque and ring spun yarns [J]. Textile Research Journal, 2011, 81 (8): 778-790.

[94] 雷勇, 一种环锭纺纱机的加捻装置: 中国, 20382658.9 [P]. 2014-11-12.

[95] ALTAS S, KADOĞLU H. Comparison of conventional ring, mechanical compact and pneumatic compact yarn spinning systems [J]. Journal of Engineered Fibers and Fabrics, 2012, 7 (2): 155892501200700.

[96] HEARLE J W S, GUPTA B S, GOSWAMI B C. The migration of fibers in yarns: Part V: The combination of mechanisms of migration [J]. Textile Research Journal, 1965, 35 (11): 972-978.

[97] MORTON W E. The arrangement of fibers in single yarns [J]. Textile Research Journal, 1956, 26 (5): 325-331.

[98] YU H, LIU K S, JUN C, et al. Comparative study of ring yarn properties spun with static and rotary grooved contact surfaces [J]. Textile Research Journal, 2018, 88 (16): 1812-1823.

[99] HOSSAIN M, TELKE C, ABDKADER A, et al. Mathematical modeling of the dynamic yarn path depending on spindle speed in a ring spinning process [J]. Textile Research Journal, 2016, 86 (11): 1180-1190.

[100] ZOU Z Y, GUO Y F, ZHENG S M, et al. Model of the yarn twist propagation in compact spinning with a pneumatic groove [J]. Fibres and Textiles in Eastern Europe, 2011, 84 (1): 30-33.

［101］ GUO Y, FENG J, YIN R, et al. Investigation and evaluation on fine Up-land cotton blend yarns made by the modified ring spinning system ［J］. Textile Research Journal, 2015, 85 (13): 1355-1366.

［102］ 徐卫林, 刘可帅, 陈军. 一种对须条进行整纤的纺纱方法: CN103757762B ［P］. 2016-08-03.

［103］ 敖利民, 李向红. 集合器出口尺寸对集合纺成纱毛羽的影响 ［J］. 上海纺织科技, 2008, 36 (7): 38-39.

［104］ 李树春, 王进生, 李成山, 等. 集合器对细纱质量的影响 ［J］. 棉纺织技术, 2012, 40 (3): 46-47.

［105］ 袁祖纯. 基于优化三角区的纺纱方法的研究与实践 ［D］. 武汉: 武汉纺织大学, 2016.

［106］ 王进生, 李树春, 徐耀林, 等. 集棉器对成纱质量的影响 ［J］. 纺织器材, 2012, 39 (2): 24-26.

［107］ ÇELIK P, KADOǦlu H. A research on the compact spinning for long staple yarns ［J］. Fibres & Textiles in Eastern Europe, 2004, 12 (4): 27-31.

［108］ XIA Z G, XU W L, WANG X G. Improving fiber trapping with a contact surface during the ring twisting of two cotton yarns ［J］. Textile Research Journal, 2012, 82 (3): 272-279.

［109］ XU W L, XIA Z G, WANG X, et al. Embeddable and locatable spinning ［J］. Textile Research Journal, 2011, 81 (3): 223-229.

［110］ 毛树春, 冯璐, 芦建华. 2014 年中国棉花产业发展趋势与政策建议 ［J］. 中国棉麻流通经济, 2014 (2): 21-23.

［111］ SEYAM A F M, LEE J H, HODGE G, et al. Warp break detection in jac-quard weaving using micro-electro-mechanical systems: Effect of yarn type ［J］. Textile Research Journal, 2008, 78 (8): 664-670.

［112］ LEE J, A M SEYAM, G HODGE, et al. Warp-break detection in jacquard weaving ［J］. Journal of Engineered Fibre and Fabrics, 2008 (3): 25-31.

［113］ 郁崇文. 纺纱学 ［M］. 北京: 中国纺织出版社, 2009.

［114］ LIANG R. A new idea to reduce ring spinning yarn hairiness—mismatch spinning ［J］. Shanghai Textile Science & Technology, 2009.

［115］ 姚穆. 集聚纺纱纤维原料、成纱结构及其它纺纱方法 ［C］//中国纺织

工程学会"同和杯"2008年全国紧密纺纱技术开发应用研讨会论文集.北京:中国工程院,2008:3.

[116] 程隆棣,翟涵,于修业,等.集聚纺纱技术的机理分析和研究[C].中国国际棉纺.2003.

[117] 谢春萍,高卫东,刘新金,等.一种新型窄槽式负压空心罗拉全聚纺系统[J].纺织学报,2013,34(6):137-141.

[118] G K TYAGI,陈金平,蔡旭初.环锭纺纱的进展[J].国外纺织技术,2001(2):7-10.

[119] BASAL G, OXENHAM W. Comparison of properties and structures of compact and conventional spun yarns [J]. Textile Research Journal, 2006, 76 (7): 567-575.

[120] ZHU F, WANG X. Application of balloon control ring to improve transposal spinning quality [J]. Cotton Textile Technology, 2011, 39 (7): 413-415.

[121] 孔彩珍,邵灵玲,于修业.客观认识紧密(集聚)纺纱新技术[J].纺织导报,2005(12):38-40.

[122] WU H, CHEN M Y, WANG W, et al. The structure of compact yarn [J]. Textile Research Journal, 2009, 79 (9): 810-814.

[123] 刘义龙,徐耀林,周杰才,等.几种不同形式集聚纺纱装置的比较分析[J].纺织器材,2012,39(2):38-40.

[124] LIU K S, XIA Z G, XU W L, et al. Improving spun yarn properties by contacting the spinning strand with the static rod and self-adjustable disk surfaces [J]. Textile Research Journal, 2018, 88 (7): 800-811.

[125] VISWANATHAN G, MUNSHI V G, UKIDVE A V, et al. Comparative evaluation of yarn hairiness by different methods [J]. Textile Research Journal, 1988, 58 (8): 477-479.

[126] 李希恒.络筒工序对纱线毛羽的影响[J].上海纺织科技,1997(1):23-25.

[127] 赵博.减少络筒纱线毛羽的探讨[J].纺织器材,2006,33(s3):39-42.

[128] 王建坤,杨建成,高小平.降低络筒纱毛羽的机理及实践[J].纺织学报,2006,27(4):91-94.

［129］钱坤，王鸿博. Orion 型络筒机络纱毛羽分析［J］. 棉纺织技术，2004，32（12）：42-44.

［130］朱智伟，闫圣花. 络筒张力控制技术的分析研究［J］. 纺织机械，2011（5）：37-40.

［131］王绍斌，孙卫国，王文郁. 络筒张力和速度对纱线质量的影响［J］. 棉纺织技术，2002，30（7）：35-37.

［132］李欣. 织物（第五结构相）热湿传递机理模型研究［D］. 青岛：青岛大学，2003.

［133］于伟东，储才元. 纺织物理［M］. 2 版. 上海：东华大学出版社，2009.

［134］李鸿顺，钱坤，曹海建. 毛纱截面结构参数的提取与分析［J］. 毛纺科技，2007（6）：47-50.

［135］毛俊芳，董卫国. 环锭纺纱线横断面结构的研究［J］. 现代纺织技术，2007，15（5）：1-2.

［136］JEON B S, CHUN S Y, HONG C J. Structural and mechanical properties of woven fabrics employing peirce's model［J］. Textile Research Journal, 2003, 73（10）：929-933.

［137］REES W H. 11—The transmission of heat through textile fabrics［J］. Journal of the Textile Institute Transactions, 1941, 32（8）：T149-T165.

［138］张克和，方园. 针织物结构研究与计算机仿真［J］. 浙江理工大学学报，2006，23（1）：8-12.

［139］Liu D Y, Geng C H, Zhang J X, et al. Research on the hairiness and pilling property of the acrylic/cotton yarn-dyed fabric［J］. Textile Testing & Standard, 2016.

［140］BELTRAN R, WANG L J, WANG X G. A controlled experiment on yarn hairiness and fabric pilling［J］. Textile Research Journal, 2007, 77（3）：179-183.

［141］余序芬. 纺织材料实验技术［M］. 北京：中国纺织出版社，2004.

［142］OMEROGLU S, BECERIR B. Comparison of colour values of plain cotton fabrics woven from ring-and compact-spun yarns［J］. Indian Journal of Fibre & Textile Research, 2005, 30（4）：402-406.

［143］SHAHID M A, HOSSAIN M D, NAKIB-UL-HASAN M, et al. Comparative study of ring and compact yarn-based knitted fabric ［J］. Procedia Engineering，2014，90：154-159.

［144］凌群民，谭磊. 后整理工艺对纯苎麻针织物性能的影响 ［J］. 纺织学报，2010，31 （7）：91-96.

［145］蒋艳凤. 织物的悬垂性能比较 ［J］. 丝绸，2001，1 （7）：28-29，44.

［146］王超，李俊杏，马晓红，等. 两种纤维素酶抛光整理对棉针织物性能的影响 ［J］. 针织工业，2011 （6）：39-42.

［147］凌群民，宋丽娜. 纱线结构对纯棉针织物性能的影响 ［J］. 针织工业，2010 （3）：22-24.

［148］刘可帅，江伟，杨圣明，等. 多重集聚纺纱结构成形机制及其针织物性能 ［J］. 纺织学报，2018，39 （2）：26-31.